普通高等教育"十四五"规划教材

生态环境产教融合教材

冶金工业出版社

固废污染控制技术
与资源化实验教程

主编　谢云成

北　京

冶　金　工　业　出　版　社

2025

内 容 提 要

本书详细介绍了环境科学和环境生态工程等专业的基础理论、方法与技术、生产实践案例和实验指导。全书分为基础实验、综合实验、产教融合实验，选编了固体废物的采样与制样、堆肥实验、固体废物毒性鉴别、腐蚀性实验、固体废物压实和垃圾渗滤液实验、电子废弃物资源化利用及回收实验等 45 个实验，编入环境专业实验设计与方法，注重学生实际分析问题、解决问题和创新能力的培养和提高。

本书可供应用型本科院校环境科学与工程、生态工程、生命科学、化学工程、给水排水、水污染控制工程等专业本科生理论及实践课程教材，也可供从事环境类专业实践教学和研究的有关人员参考。

图书在版编目(CIP)数据

固废污染控制技术与资源化实验教程／谢云成主编.
北京 ：冶金工业出版社，2025. 5. --（普通高等教育
"十四五"规划教材）. -- ISBN 978-7-5240-0217-8

Ⅰ. X705-33

中国国家版本馆 CIP 数据核字第 2025ST5380 号

固废污染控制技术与资源化实验教程

出版发行	冶金工业出版社	电　　话	(010)64027926
地　　址	北京市东城区嵩祝院北巷 39 号	邮　　编	100009
网　　址	www. mip1953. com	电子信箱	service@ mip1953. com

责任编辑　夏小雪　美术编辑　吕欣童　版式设计　郑小利
责任校对　梅雨晴　责任印制　禹　蕊
三河市双峰印刷装订有限公司印刷
2025 年 5 月第 1 版，2025 年 5 月第 1 次印刷
710mm×1000mm　1/16；10.75 印张；205 千字；159 页

定价 39.00 元

投稿电话　(010)64027932　投稿信箱　tougao@cnmip. com. cn
营销中心电话　(010)64044283
冶金工业出版社天猫旗舰店　yjgycbs. tmall. com
（本书如有印装质量问题，本社营销中心负责退换）

本书编写人员

主　　编　　谢云成
副 主 编　　刘红盼　张　沁　蒋达波　杨和山　肖国华
参编人员　　李　强　杨　俊　杨强斌　朱启红　胡承波
　　　　　　陈泉洲　何克杰　司万童

前　言

　　当今社会正处于一个科技进步、经济腾飞的变革时代，与此同时，解决生态环境问题也成为全球共同面临的挑战，加强环境保护和建设美丽中国也已成为全社会的共识。在新形势下，高等教育也面临改革和优化，随着我国应用型大学建设力度加大，大批普通本科院校向应用型大学转型，传统教学模式随之也向应用型转变，因此，各专业教材也由传统的传授知识向应用型转变。固废污染控制技术与资源化是环境工程中"三废"治理技术之一，是环境科学与工程专业学生必须掌握的专业知识。固体废物处理与处置、固废污染控制技术等课程是高等学校本科环境科学与工程专业的核心课程之一，是专业必修课，属于机械、化学、数学、生物等交叉的工程技术学科，涉及专业领域范围广、内容较多，而且具有很强的实践操作性和实用性。与理论教学相比，该课程实践环节教学，特别是对接行业、产业相对比较薄弱，尚存在亟须解决的问题，比较突出的是缺乏实践教学环节教材和产教融合教材、实践环节教学方式比较落后等，这是当前制约培养学生具有创新精神和实践能力的主要障碍。课程实践应体现当代环境治理的发展方向，同时兼具时代背景。因此，对于适合应用型大学环境科学与工程专业的实验教材目前需求较高。

　　针对以上问题和结合长期教学实践，本书以"融合科技智能，创造绿色未来"为理念，以应用为引领，对接环保产业技术发展新趋势，结合3S技术、大数据分析等新兴技术（新工科），不仅是对环境保护领域知识的一次全面梳理，更是对产教融合教育模式的一种积极实践与探索，让知识更好地服务于环保产业的创新与发展。同时，在保证基本理论的系统性和完整性的前提下，体现当代环境治理的发展方向兼具时代背景。书中内容充分吸收国内外环境领域相关的科研成果新理念、新设备、新经验，坚持以应用性和面向行业、面向岗位和社会需求为主，增加思考性、设计性、综合性实验和产教融合实验，将环境科学与工程热点问题转化为实验内容；注重学生实际分析问题、解决问题和创新能力的培养；是对实践教学环节改革的理解和探索，为深化实践教学改革努力的成果。

　　本书是作者在应用型大学建设、培养应用型人才的背景下，依托生态环境监测与工程应用创新能力培养实践基地，重庆市普通本科高校绿色化工与低碳环境监控产教融合虚实一体化实践教学平台、重金属废水资源利用重庆市重点实验室、三峡库区河湖生态系统重庆市野外科学观测研究站，环境监测、环境工程、生态修复、化学化工等专业教学实验室、3S等大数据处理、生态修复及环境材料等科研实验室，并多年与国内外科研机构、企事业单位（在30余家企业建立了校外实践基地）、大专院校等在人才培养、科学研究、学术交流等方面有着广泛合作的经验基础上编写而成的，内容充分体现以应用型人才培养为核心实验教学的思想；更具时代特色、彰显绿色理念，能够培养适应环境产业所需的应用型人才，特色鲜明。本书在编写过程中参考了有关从事教学、科研、生产工作的同行撰写的论文、教材、手册及部分网络资料，在此对其作者表示衷心感谢。

　　由于编者水平所限，书中不妥之处，敬请读者批评指正。

编　者

2025 年 2 月

目　　录

第一章　固废污染控制技术与资源化实验教程教学基本要求

　　学生在实验实践教学环节过程中，要树立实事求是的科学态度和严谨的科学作风，忠于自己所观察到的实验现象和调查数据，养成严肃、认真、细致、整洁的工作习惯，努力使实践教学环节成为学生主动参与、内因驱动、在实验中提高的学习过程。学生应独立完成实验教学整个环节，对每个环节的重点、基本原理、程序、方法切实掌握。在实验过程中，从环境资源化角度主动思考，提高知识应用能力。

第一节　实验教学目的

　　实验教学的实施在于培养联系实际的能力，是培养学生观察问题、分析问题和解决问题能力的一个重要方面。课程的教学目的如下：

　　(1) 加深学生对基本概念的理解，巩固新的知识。

　　(2) 使学生了解如何进行实验方案的设计，并逐步掌握固体废物实验的研究方法和基本测试技术。

　　(3) 通过实验数据的整理使学生初步掌握分析处理技术，包括如何收集实验数据，如何正确地分析和归纳实验数据、运用实验成果验证已有的概念和理论等。

第二节　实验教学程序

　　为了更好地实现教学目的，应该使学生学会实验研究工作的一般程序：

　　(1) 提出问题。根据已掌握的知识，提出打算验证的基本概念或探索研究的问题。

　　(2) 设计实验方案。确定实验目的后，要根据人力、设备、药品和技术能力等方面的具体情况进行实验方案的设计。实验方案应包括实验目的、装置、步骤、计划、测试项目和测试方法等内容。

　　(3) 实验研究。根据设计好的实验方案进行实验，按时进行测试。

　　(4) 收集实验数据。定期整理分析实验数据。实验数据的可靠性和定期整理分析是实验工作的重要环节。实验者必须经常用已掌握的基本实验数据，通过实验数据分析加深对基本概念的理解，并发现实验设备、操作运行、测试方法和实验方向等方面的问题，以便及时解决，使实验工作能较顺利地进行。

（5）实验小结。通过实验数据的具体分析，对实验结果进行评价。小结的内容包括以下方面：

1）通过实验数据掌握了哪些新的知识；

2）是否解决了提出的问题；

3）是否证明了文献中的某些优点；

4）实验结果是否可以改进已有的工艺设备和操作运行条件，或设计出新的设备；

5）当实验数据不合理时，应分析原因，提出新的实验方案。

第三节　实验教学要求

一、课前预习

为完成好每个实验，学生在课前必须认真阅读实验教材，清楚地了解实验目的和要求、实验原理和实验内容，写出简明的预习提纲。预习提纲包括：

（1）实验目的和主要内容；

（2）需测试目的和测试方法；

（3）实验中应注意的事项；

（4）准备好实验记录表格。

二、实验设计

实验设计是实验研究的重要环节，是获得满足要求的实验结果的基本保障。在实验教学中，宜将此环节的训练放在部分实验项目完成后进行，以达到使学生掌握实验设计方法的目的。

三、实验操作

学生实验前应仔细检查实验设备、仪器仪表是否完整齐全。实验时应严格按照操作规程认真操作，仔细观察实验现象，精心测定实验数据并详细填写实验记录。实验结束后，要将实验设备和仪器仪表恢复原状，将周围环境整理干净。学生应注意培养自己严谨的科学态度，养成良好的工作和学习习惯。

四、实验数据处理

通过实验取得大量数据以后，必须对数据做科学的整理分析，去伪存真、去粗取精，以得到正确可靠的结论。

五、编写实验报告

将实验结果整理写成一份实验报告，是实验教学必不可少的组成部分，这一环节的训练可为今后写好科学报告打下基础。实验报告包括下述内容：

（1）实验目的；

（2）实验原理；

（3）实验装置和方法；

（4）实验数据和数据整理结果；

（5）实验结果与讨论。

对于科研论文，最后还要列出参考文献。对于实验教学的实验报告，"参考文献"一项可省略。实验报告的重点放在实验数据处理和实验结果的讨论等内容上。

第四节　实验数据处理

固废污染控制技术与资源化实验，常需要做一系列的测定，并取得大量数据。实践表明，每项实验都有误差，同一项实验的多次重复测量总有差异，即实验值与真实值之间的差异，这是由于实验环节不理想、实验人员技术水平不高、实验设备或实验方法不完善等因素引起的。随着研究人员对研究课题认识的提高，仪器设备的不断完善，实验中的误差可以逐渐减少，但是不可能做到没有误差。因此取得了实验数据以后，一方面必须对所测对象进行研究分析，估计测试结果的可靠程度，并对取得的数据给予合理的解释；另一方面必须对所测的数据进行归纳整理，用一定的方式表示出各数据之间的关系。其中，前者即误差分析，后者即数据处理。

一、实验结果分析

对实验结果进行误差分析与数据处理的目的如下：

（1）可以根据实验的目的，合理地选择实验装置、仪器、条件和方法；

（2）能正确处理实验数据，以便在一定条件下达到接近真实值的最佳结果；

（3）合理选定实验结果的误差，避免由于误差选取不当造成人力、物力的浪费；

（4）总结测定的结果，得出正确的实验结论，并通过必要的整理归纳（如绘成实验曲线或得出经验公式）为验证理论分析提供条件。

误差与数据分析处理内容很多，在此介绍一些基本知识。在对实验数据进行误差分析、整理剔除错误实验数据后，还要将实验提供的数据进行归纳处理，用图形、表格或经验公式加以表示，以找出影响研究事物的各因素之间互相影响的规律，为得到正确的结论提供可靠的信息。

二、实验数据表示方法

常用的实验数据表示方法有列表法、图形法和方程法三种。表示方法的选择主要依靠经验，可以用其中的一种方法，也可以两种或三种方法同时使用。

（一）列表法

列表法是将一组实验数据中的自变量、因变量的各个数值依据一定的形式和顺序一一对应列出来，借以反映各个变量之间关系。

列表法具有简单易操作、形式紧凑、数据容易参考比较等优点，但对各规律的反映不如图形法和方程法明确，在理论分析方面使用不方便。

完整的表格应包括表的序号、表题、表头中各项目的名称及单位、说明以及数据来源等。

实验测得的数据，其自变量和因变量的变化，有时是不规则的，使用起来很不方便。此时可以通过数据分度，使表中所列数据成为有规则的排列，即当自变量做等间距变化时，因变量也按顺序变化，这样表格查阅起来比较方便。数据分度的方法有多种，较为方便的方法是先用原始数据画图做出一光滑曲线，然后在曲线上一一读出所需的数据，并列表。

（二）图形法

图形法的优点在于形式简明直观，便于比较，易显出数据中的最高点或最低点、转折点、周期性以及其他特性等。当图形作得足够准确时可以不必知道变量之间的数学关系，对变量求微分或积分后得到需要的结果。

图形法可以用于两种场合：

（1）已知变量间的依赖关系图形，通过实验将所得的数据作图，然后求得相应的一些参数；

（2）两个变量间的关系不清楚，将实验数据点绘于坐标纸上，用于分析、反映变量间的关系和规律。

（三）方程法

实验数据用列表或图形表示后，使用时虽然直观简便，但不便于理论分析研究，故需要用数学表达式来反映自变量与因变量的关系。方程法通常包括下面两个步骤：

（1）选择经验公式。表示一组实验数据的经验公式应该形式紧凑，式中系数不要太多。一般没有一种简单方法可以直接获得一个较理想的经验公式，通常先将实验数据在直角坐标纸上描点，再根据经验和解析几何法推测经验公式的形式。若经验表明此形式不够理想，则另立新的公式，再进行实验，直到得到满意的结果为止。表达式中容易直接用实验验证的是直线方程，因此应尽量使所得函数呈直线式，若得到的函数不是直线式，可以通过变量变换，将所得的图形变换为直线。

（2）确定经验公式的系数。确定经验公式中系数的方法有很多种，常见的有直线图解法和回归分析中一元线性回归、一元非线性回归以及回归的相关系数与精度。

1）直线图解法：凡实验数据可直接绘成一条直线或经过变量变换后能改成直线的都可以用此法。具体方法：将自变量和因变量一一对应的点绘在坐标纸上做直线，使直线两边的点差不多相等，并使每一点尽量靠近直线，所得的斜率就是直线方程 $y=a+bx$ 中的系数 b，y 轴上的截距就是直线方程中的 a 值。直线的斜率可以由直角三角形中 $\Delta y / \Delta x$ 比值求得。

直线图解法的优点是简便，但由于个人用直尺凭视角画出的直线可能不同，因此精度较差。当问题比较简单，或者精度要求低于 $0.2\% \sim 0.5\%$ 时可以用此法。

2）一元线性回归：一元线性回归就是工程上和科研中常常遇到的配直线的问题，即两个变量 x 和 y 存在一定的线性相关关系，通过实验取得数据后，用最小二乘法求出系数 a 和 b，并建立回归直线方程 $y=a+bx$，称为 y 对 x 的回归线。

3）一元非线性回归：就是两个变量之间不是线性关系，而是某种曲线关系，这时需要解决选配适当的曲线以及确定相关函数中的系数等问题。

第二章　实验设计原理

实验设计与数据分析是数理统计学中的一个重要分支。它是以概率论、数理统计及线性代数为理论基础，结合一定的专业知识和实验经验，研究如何经济、合理地安排实验方案以及如何系统、科学地分析处理实验结果的一项科学技术，从而解决了长期以来在实验领域中，传统的实验方法对于多因素实验往往只能被动处理实验数据，而对实验方案的设计以及实验过程的控制显得无能为力这一问题。近代创立和发展起来的实验设计方法，将实验方案的最优化设计与数据处理方法的最优化选择进行有机地结合，并将其思想和要求贯穿于实验的全过程，使实验领域发生了深刻的变化，有力地推动了科学研究和生产实践的过程。

第一节　科学研究与科学实验

一、科学研究与科学实验简述

科学研究一般是指利用科研手段和装备，为了认识客观事物的内在本质和运动规律而进行的调查研究、实验、试制等一系列的活动，为创造发明新产品和新技术提供理论依据。科学研究的基本任务就是探索、认识未知。科学实验是人们为实现预定目的，在人工控制条件下，通过干预和控制科研对象而观察和探索有关规律和机制的一种研究方法，是人类获得知识、检验知识的一种实践形式。

科学实验具有纯化和强化观察对象的功能，并具有可重复性，因此，科学实验被越来越广泛地应用于各行各业，并且在现代科学中占有越来越重要的地位。在现代科学中，人们需要解决的研究课题日益复杂，日益多样，使得科学实验的形式也不断丰富多样。

二、科学实验的目的

（一）简化和纯化

实验方法可以利用科学仪器和设备创造的条件，根据研究目的，突出研究对象的主要因素，排除次要因素、偶然因素以及外界的干扰，使要认识事物的某些属性在特定的状态下显示出来，从而能更准确地认识事物的本质和规律。如1799年英国物理学家亨利·戴维把实验仪器保持在水的冰点，排除了实验物品和周围环境的热交换，证明冰融化所需要的热来自摩擦，否定了当时占统治地位的"热素说"。

（二）强化或弱化

许多事物在常态下并不能充分暴露其本质，利用实验可以创造出自然界中不可能出现的环境，从而更好地认识研究对象。如1911年荷兰科学家昂尼斯把汞的温度降到0℃以下时，发现汞的电阻突然消失，变成了所谓的超导体，并由此打开了超导研究的大门。美籍科学家吴健雄让钴-60处于超低温这一极端状态，成功地验证了弱相互作用下宇称不守恒这一假设。

三、科学实验程序

（一）准备阶段

科学实验过程的第一个阶段，可以叫做实验的准备阶段。

一项科学实验的价值，它的成功或失败，很大程度上取决于科学实验的准备阶段。在这一阶段，人们需要进行四项工作，其中的每项工作，都不能离开理论的运用，不能离开逻辑思维活动。

1. 确立实验目的，也就是明确为什么要进行实验

例如，迈克尔逊和莫雷关于光的干涉实验，其目的就在于检验当时流行的以太理论是否正确。这个目的的实现，对于推动物理学的发展有着十分重要的作用。因此，确定实验目的是一个理论逻辑演绎的过程。

2. 明确指导实验设计的理论

在确立实验目的之后，并不能马上着手设计实验，而是要先明确以什么理论来指导实验的设计。这种指导性理论，就是启发实验者应采用什么方法并从什么方向上去实现已确立的目的。没有这一步骤，就不能从实验目的过渡到具体的实际设计上。

例如，恩格斯早就提出生命是通过化学进化的途径产生的。在恩格斯之后，很多科学家都想用实验来检验恩格斯的论断。但在很长一段时间里，人们始终不能进入具体的实验设计。其原因就在于实验设计所依据的指导性理论还不具备，人们还不知道从何处着手设计这种实验。也就是说，在实验目的和具体实验设计之间还缺少一个把两者联系起来的中间环节。

进入20世纪后，人们才提出了一个理论：在原始的不同于今天的大气条件下，在漫长的岁月里，非生命物质可以转化为生命。以后，海登又提出了原始大气和原始汤液的概念。这些理论相继提出之后，实验设计就有了依据、有了方向。人们可以根据这些理论进一步作出逻辑推理：假定我们模拟了原始地球的大气成分，并创造相应的条件，那么就可以进行模拟原始地球时期使无机物转化为

生命所必需有机物的实验。1953 年米勒的实验就是依据这种指导性理论而进行设计并取得成功的。指导性理论不仅关系到一个实验应从何处着手实现的问题，而且还直接影响到实验设计的成效。

3. 实验设计

马克思说："蜜蜂建筑蜂房的本领使人间的许多建筑师感到惭愧。但是，最蹩脚的建筑师从一开始就比最灵巧的蜜蜂高明的地方，是他在用蜂蜡建筑蜂房以前，已经在自己的头脑中把它建成了。劳动过程结束时得到的结果，在这个过程开始时就已经在劳动者的表象中存在着，即已经观念地存在着。"（《马克思恩格斯全集》第 23 卷，人民出版社 1972 年版，第 202 页）。这就是说，人们在实际行动之前，要先考虑到自己在未来应如何行动、采取哪些步骤、每步行动可能带来什么结果、假如某些条件突然改变了，将产生什么影响等问题。科学实验是人们为了认识自然界而进行的一种变革自然界对象的社会实践活动。人们当然更要在采取具体实验行动之前，先在思维中以观念形态大致完成这个变革的行动过程。哪些干扰因素应设法排除，哪些次要因素要暂时撇开，这一切都应在实验设计中给予考虑。实验设计的任务，就是为了在实施实验之前，先把这个实验在自己的观念中完成。

当然，在实验设计中还有许多具体的工艺和技术方面的问题。但是，贯穿实验设计的一根主线，则是运用一定理论而进行的逻辑推论。相应的工艺和技术问题也只有在一定逻辑思维基础上，才能联结成为一个完整的设计。

4. 实验准备

人们往往把实验仪器、设备、材料的准备，当作是一种纯物质的活动。其实，每一种仪器都是以某种或某些理论为依据而进行设计和制造的。例如，伽利略、托里拆利等人使用的温度计，就是根据液体和气体的"受热程度"按比例膨胀的假定而制作的。1878 年国际度量衡委员会关于标准温度计的决议则作如下规定："温度应当用化学上纯的氢在定容情况下的压力来测量，它在冰的熔解点时的压力为 1000 mm 水银柱高（0.1333 MPa）"。所以，每采用一种仪器，实际上就意味着引进了一些理论，材料的选用也是根据一定的理论进行的。

例如，孟德尔选择豌豆作为实验材料，就是因为豌豆具有严格的自花授粉、易于栽培、生长期短、有明显的可区分性状等特点。离开了一定的理论和逻辑思维，实验仪器、设备、材料的准备工作就无法进行。

（二）实施阶段

科学实验的第二个阶段，可以叫做实验的实施阶段。这个阶段就是实验者操作一定的仪器设备使其作用于实验对象，以取得某种实验效应和数据。仪器设备与实验对象的相互作用是不以人的意志为转移的合乎规律的表现，因此，这个阶段的活动是一种客观的物质活动。作为客观的感性物质活动的实验实施过程正是对人们已有认识的检验，也给人们提供了认识新事实的机会。

（三）结果处理阶段

科学实验的第三个阶段，可以叫做实验结果的处理阶段。在这一阶段，人们对实验结果进行分析。因为尽管人们在实验设计中作了周密考虑，但在实验的实施过程中，仍会有一些事前没有估计到的主客观因素影响到实验结果。所谓客观因素主要是指实验仪器设备的偶然变化，实验初始条件、环境条件的偶然变化、实验材料在品种规格上的某些差异等。所谓主观因素主要是指在实验设计时，遗漏了对一些可能产生系统误差因素的考虑，在读取数据时，感官上造成的偏差，等等。这些因素造成的影响是混合在一起的，因此，人们必须对实验最初呈现出来的结果作出分析，以区分什么是应该消除的误差、什么是实验应有的结果。

在科学实验中，人们变革着客观的物质对象，这就使它和人们的生产活动有相同的方面。因为生产活动作为人们能动地改造客观世界的活动，也是一种变革物质对象的活动。正是由于这一点，科学实验也和生产活动一样，属于改造客观世界的实践活动的范畴，成为实践的一种基本形式。但是，科学实验和生产活动又有以下区别。

首先，它们的直接目的不同。科学实验的直接目的在于解决一定的科学研究任务，生产活动的直接目的在于提供人们生活和再生产需要的物质财富。

其次，它们产生的结果不同。科学实验产生的结果是人们获得了对事实的认识，是检验一定的理论。生产活动产生的结果，则是使人们获得了需要的产品。当然，这种区别不是绝对的。尤其是在现代，科学实验和生产活动已经明显地互相渗透。生产的发展为科学实验提供了前提和条件，科学实验则为发展生产指明方向、开辟道路。不仅如此，很多科学实验直接解决生产中的问题，成为生产活动的一部分，而很多生产活动又带有科学实验的性质，它在生产物质产品的同时也解答了某些科学研究的课题。关于科学实验与生产活动的互相关系问题，这是科学社会学研究的一个重要课题。

实验法是指经过特别安排，在人为控制下确定事物相互关系的研究方法。实验法是自然科学研究领域最早被人们普遍使用的研究方法之一，是近代自然科学建立的基础，以致国外有的学者认为，研究（research）就是实验、实验、再实验，反复（re）寻找（search）的过程。达·芬奇、伽利略、牛顿等人都充分利用实验方法做出了巨大的科学成就。

四、科学实验原则

（一）掌握理论

应熟练掌握与实验课题有关的理论和经验。实验方法是在人为的控制下对研究对象进行研究的一个过程，所以要精心设计实验方案。在设计实验方案和进行具体实验的过程中，离不开理论的指导和前人经验的积累。实验者只有具备必要的理论知识和实验技能，才能对实验中出现的新事物有敏锐的观察力，当事物表现超出原来的理论框架时，能够及时加以捕捉，并发现其本质。

（二）提出假设

应事先提出假说或需要检验的观点、理论等。实验在科学研究中主要有两种目的：一是探索和发现新现象或新规律，二是检验已有知识或理论的正确性。

1902—1907年，德国化学家费舍尔对蛋白质的化学结论进行深入研究，提出了蛋白质的肽键理论；然后，在实验中合成了18个氨基酸的多肽长链，从而验证了其反映蛋白质结构理论的正确性。

（三）精心设计

应精心设计，严密组织。俗话说，"知己知彼才能百战不殆"。对所要做的实验，必须精心设计，严密组织，做到心中有数，这样才能使成功率更大。根据一定的理论，结合具体的研究对象，可以采取不同的研究方式。如泰勒通过精心设计和严密组织，利用搬运铁块实验、铁砂和煤炭的挖掘实验、金属切削实验等，提出了科学管理的方法。

（四）做好准备

应选择好实验环境，准备好实验工具。实验环境对于实验的成功与否具有很大关系，如在对天体进行观察时，要选择天气很好的时候，才能取得理想的效果。

俗话说"磨刀不误砍柴工"，实验工具是实验取得成效很关键的一个方面，实验设备的状况决定着实验能达到的认识水平。如没有高分辨率的光谱食品，就无法认识原子光谱的精细结构。丁肇中正是由于不断把实验的精度提高，最终发现了丁粒子。

（五）保持状态

应保持受验者的常规状态。不论研究对象是自然界中的事物，还是人类自己，为了保持实验结果的客观性，要尽量保持受验者的常规状态。只有在常态下，事物或人所表现出来的才是其真实的情况。在保持正常状态下，通过改善工作条件和环境等因素，梅奥通过照明实验、福利实验、电话线圈装配实验、访谈实验等提出了以人为本的管理思想。

（六）控制因素

应能有效地控制影响实验的各种因素。在实验过程中，要根据研究目的尽量控制实验中的各种因素，要突出主要因素，排除次要因素、偶然因素以及外界的干扰，从而能更准确地认识事物的本质规律。伽利略的落体实验、斜面实验和单摆实验都是在突出主要因素、排除次要因素的条件下获得成功的。

（七）仔细观察

应仔细观察，尽可能得到精确的数据。在科技史上，当某些重大发现公布之后，经常使一些科学家后悔莫及，因为他们也曾见到过类似现象，由于未加注意而失去了发现的大好时机。法国的约里奥·居里在用粒子轰击铍时打出了中子，但他没有留心而误认为是 γ 粒子，让它溜走了。后来，查德威克证明了不是 γ 粒子而是中子，获得了诺贝尔物理学奖。可见，在科学实验过程中只有仔细观察，才能得到理想的结果。

（八）反复实验

应从小到大、反复多次进行实验。一般说来，在做深入的大规模实验前，先要做一些探索性的实验，先简单后复杂，这样可以为以后的实验工作积累相关的信息和思路。实验要注意其可重复性，只有多次重复，才能表明其成果是可以让大家认可的。1959 年美国物理学家韦伯曾宣布，他的实验装置已直接收到了从银河系一天体发出的引力辐射，直接验证了爱因斯坦关于引力波的预言。但是，他的实验在世界上十几个实验室都未能重复，因而也就没有被科学界承认。

（九）核对结论

应仔细核对实验后得出的结论。实验结束后，要对实验中获得的数据作进一步的加工、整理，从中提取出科学事实或某种规律性的理论。在分析过程中，要利用统计分析的方法，借助于计算机等手段对数据之间的因果关系、起源关系、功能关系、结构关系等多角度、多层次地进行处理。

第二节　制定实验方案

一、实验因素与水平

实验方案是根据实验目的和要求所拟定的进行比较的一组实验处理（treatment）的总称。进行科学实验时，必须在固定大多数因素的条件下才能研究一个或几个因素的作用，从变动这一个或几个因子的不同处理中比较鉴别出最佳的一个或几个因子。这里被固定的因子在全实验中保持一致，组成了相对一致的实验条件；被变动并设有待比较的一组处理因子称为实验因素，简称因素或因子（factor），实验因素的量的不同级别或质的不同状态称为水平（level）。实验因素水平可以是定性的，如供试的不同品种，具有质的区别，称为质量水平；也可以是定量的，如喷施生长素的不同浓度，具有量的差异，称为数量水平。数量水平在不同级别间的差异可以等间距，也可以不等间距。所以实验方案是由实验因素与其相应的水平组成的，其中包括具有比较的标准水平。

实验方案按其供试因子数的多少可以分为以下三类：

（1）单因素实验（single-factor experiment）。单因素实验是指整个实验中只变更、比较一个实验因素的不同水平，其他作为实验条件的因素均严格控制一致的实验。这是一种最基本的、最简单的实验方案。例如在育种实验中，将新育成的若干品种与原有品种进行比较以测定其改良的程度；此时，品种是实验的唯一因素，各育成品种与原有品种即为各个处理水平，在实验过程中，除品种不同外，其他环境条件和栽培管理措施都应严格控制一致。又例如，为了明确某一品种的耐肥程度，施肥量就是实验因素，实验中的处理水平就是几种不同的施肥量，品种及其他栽培管理措施都相同。

（2）多因素实验（multiple-factor or factorial experiment）。多因素实验是指在同一实验方案中包含 2 个或 2 个以上的实验因素，各个因素都分为不同水平，其他实验条件均应严格控制一致的实验。各因素不同水平的组合称为处理组合（treatment combination），处理组合数是各供试因素水平数的乘积。这种实验的目的一般在于明确各实验因素的相对重要性和相互作用，并从中评选出 1 个或几个因素的最优处理组合。如进行甲、乙、丙 3 个品种与高、中、低 3 种施肥量的 2 个因素实验，共有甲高、甲中、甲低、乙高、乙中、乙低、丙高、丙中、丙低等 $3 \times 3 = 9$ 个处理组合。这样的实验，除了可以明确 2 个实验因素分别的作用外，还可以检测出 3 个品种对各种施肥量是否有不同反应并从中选出最优处理组合。生物体生长受到许多因素的综合作用，采用多因素实验，有利于探究并明确对生物体生长有关的几个因素效应及其相互作用，能够较全面地说明问题。因此，多因素实验的效率常高于单因素实验。

（3）综合性实验（comprehensive experiment）。这也是一种多因素实验，但与上述多因素实验不同。综合性实验中各因素的各水平不构成平衡的处理组合，而是将若干因素的某些水平结合在一起形成少数几个处理组合。这种实验方案的目的在于探讨一系列供试因素某些处理组合的综合作用，而不在于检测因素的单独效应和相互作用。单因素实验和多因素实验经常是分析性的实验；综合性实验则是在对于起主导作用的那些因素及其相互关系已基本清楚的基础上设置的实验，它的处理组合就是一系列经过实践初步证实的优良水平的配套。例如，选择一种或几种适合当地条件的综合性丰产技术作为实验处理与当地常规技术作比较，从中选出较优的综合性处理。

二、实验指标与效应

用于衡量实验效果的指示性状称实验指标（experimental indicator）。一个实验中可以选用单指标，也可以选用多指标，这是由专业知识对实验的要求确定的。例如，农作物品种比较实验中，衡量品种的优劣、适用或不适用，围绕育种目标需要考察生育期（早熟性）、丰产性、抗病性、抗虫性、耐逆性等多种指标。当然，一般田间实验中最主要的常常是产量这个指标。各种专业领域的研究对象不同，实验指标各异。例如，研究杀虫剂的作用时，实验指标不仅要看防治后植物受害程度的反应，还要看昆虫群体及其生育对杀虫剂的反应。在设计实验时要合理地选用实验指标，它决定了观测记载的工作量。其中，过简则难以全面准确地评价实验结果，功亏一篑；过繁琐又增加许多不必要的浪费。实验指标较多时还要分清主次，以便抓住主要方面。

实验因素对实验指标所起的增加或减少的作用称为实验效应（experimental effect）。例如，某水稻品种施肥量实验，每亩施氮 10 kg 的亩产量为 350 kg，每亩施氮 15 kg 的亩产量为 450 kg，则在每亩施氮 10 kg 的基础上增施 5 kg 的效应即为 450−350＝100（kg/亩）。这一实验属单因素实验，在同一因素内两种水平之间实验指标的相差属于简单效应（simple effect）。在多因素实验中，不但可以了解各供试因素的简单效应，还可以了解各因素的平均效应和因素间的交互作用。表 2-1 为某豆科植物施用氮（N）、磷（P）的 2×2＝4 种处理组合（N_1P_1，N_1P_2，N_2P_1，N_2P_2）实验结果的假定数据，用以说明各种效应。

（1）一个因素的水平相同，另一因素不同水平间的产量差异仍属简单效应。例如，表 2-1 的实验 II 中 18−10＝8 就是同一 N_1 水平时 P_2 与 P_1 间的简单效应；28−16＝12 为在同一 N_2 水平时 P_2 与 P_1 间的简单效应；16−10＝6 为同一 P_1 水平时 N_2 与 N_1 间的简单效应；28−18＝10 为同一 P_2 水平时 N_2 与 N_1 间的简单效应。

（2）一个因素内各简单效应的平均数称为平均效应，亦称主要效应（main effect），简称主效。例如，表 2-1 的实验 II 中 N 的主效为（6+10）/2＝8，这个值也是两个氮肥水平平均数的差数，即 22−14＝8；P 的主效为（8+12）/2＝10，也是两个磷肥水平平均数的差数，即 23−13＝10。

（3）两个因素简单效应间的平均差异称为交互作用效应（interaction effect），简称互作。它反映一个因素的各水平在另一因素的不同水平中反应不一致的现象。

表 2-1　2×2 实验数据（解释各种效应）

实验	因素	N				
		水平	N_1	N_2	平均值	N_2-N_1
		P_1	10	16	13	6
I	P	P_2	18	24	21	6
		平均值	14	20		6
		P_2-P_1	8	8	8	0，0/2＝0

续表 2-1

实验	因素	N				
		水平	N_1	N_2	平均值	N_2-N_1
Ⅱ	P	P_1	10	16	13	6
		P_2	18	28	23	10
		平均值	14	22		8
		P_2-P_1	8	12	10	4，4/2＝2
		水平	N_1	N_2	平均值	N_2-N_1
Ⅲ	P	P_1	10	16	13	6
		P_2	18	20	19	2
		平均值	14	18		4
		P_2-P_1	8	4	6	−4，−4/2＝−2
		水平	N_1	N_2	平均值	N_2-N_1
Ⅳ	P	P_1	10	16	13	6
		P_2	18	14	16	−4
		平均值	14	15		1
		P_2-P_1	8	−2	3	−10，−10/2＝−5

　　将表 2-1 以图 2-1 表示，可以明确看到，实验 Ⅰ 中的两条直线平行，反应一致，表现没有互作。交互作用的具体计算为 (8−8)/2＝0，或 (6−6)/2＝0。图 2-1 实验 Ⅱ 中 P_2-P_1 在 N_2 时比在 N_1 时增产幅度大，直线上升快，表现有互作，交互作用为 (12−8)/2＝2，或为 (10−6)/2＝2，这种互作称为正互作。图 2-1 实验 Ⅲ 和实验 Ⅳ 中，P_2-P_1 在 N_2 时比在 N_1 时增产幅度表现减少或大大减产，直线上升缓慢，甚至下落成交叉状，这是有负互作。图 2-1 实验 Ⅲ 中的交互作用为 (4−8)/2＝−2，实验 Ⅳ 中为 (−2−8)/2＝−5。

　　因素间的交互作用只有在多因素实验中才能反映出来，互作显著与否关系到主效的实用性。若交互作用不显著，则各因素的效应可以累加，主效就代表了各个简单效应。在正互作时，从各因素的最佳水平推论最优组合，估计值要偏低些，但仍有应用价值。若为负互作，则根据互作的大小程度而有不同情况。图 2-1 实验 Ⅲ 中由单增施氮 (N_2P_1) 及单增施磷 (N_1P_2) 来估计氮、磷肥皆增施 (N_2P_2) 的效果会估计过高，但 N_2P_2 还是最优组合，还有一定的应用价值；实验 Ⅳ 中 N_2P_2 反而减产，如从各因素的最佳水平推论最优组合将得出错误的结论。

　　两个因素间的互作称为一级互作 (first order interaction)。一级互作易于理解，实际意义明确。三个因素间的互作称二级互作 (second order interaction)，其余类推。二级以上的高级互作较难理解，实际意义不大，一般不予考察。

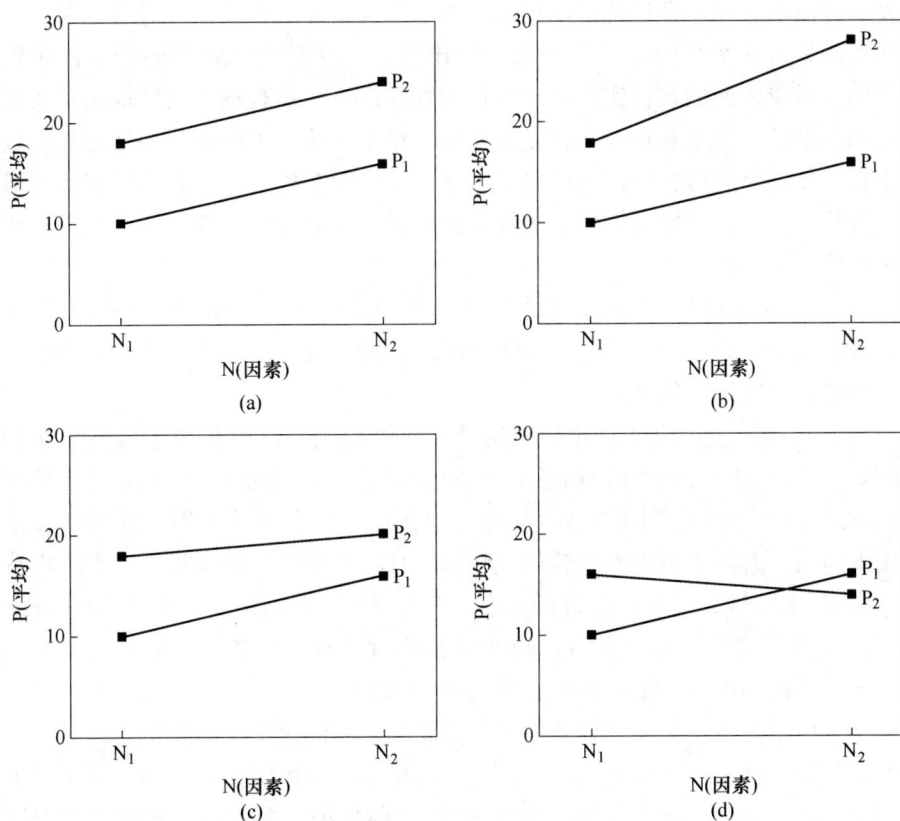

图 2-1　2×2 实验的图示（解释交互作用）
（a）实验Ⅰ；（b）实验Ⅱ；（c）实验Ⅲ；（d）实验Ⅳ

三、制订实验方案的要点

拟订一个正确有效的实验方案，以下几方面仅供参考：

（1）拟订实验方案前应通过回顾以往研究的进展、调查交流、文献探索等明确实验的目的，形成对研究主题及其外延的设想，使待拟的实验方案能针对主题确切而有效地解决问题。

（2）根据实验目的确定供试因素及其水平。供试因素一般不宜过多，应该抓住 1~2 个或少数几个主要因素解决关键性问题。每个因素的水平数目也不宜过多，且各水平间距要适当，使各水平能有明确区分，并把最佳水平范围包括在内。例如，通过喷施矮壮素以控制某种植物生长，对其浓度，实验设置 $50×10^{-4}\%$、$100×10^{-4}\%$、$150×10^{-4}\%$、$200×10^{-4}\%$、$250×10^{-4}\%$ 5 个水平，其间距为 $50×10^{-4}\%$。若间距缩小至 $10×10^{-4}\%$，便需增加许多处理，若处理数不多，参试浓度的范围窄，会遗漏最佳水平范围，而且由于水平间差距过小，其效应因受误差干扰而不易有规律性地显示出来。如果涉及实验因素多，一时难以取舍，或者对各因素最佳水平的可能范围难以作出估计，这时可以将实验分为两阶段进行，即先做单因素的预备实验，通过拉大幅度进行初步观察，然后根据预备实验结果再精细选取因素和水平进行正规实验。预备实验常采用较多的处理数，较少或不设重复；正规实验则精选因素和水平，设置较多的重复。为不使实验规模过大而失控，实验方案原则上应力求简单，单因素实验可解决的，就不一定采用多因素实验。

（3）实验方案中应包括对照水平或处理，简称对照（check，符号 CK）。品种比较实验中常统一规定同一生态区域内使用的标准（对照）种，以便作为各实验单位共同的比较标准。

（4）实验方案中应注意比较间的唯一差异原则，以便正确地解析出实验因素的效应。例如，根外喷施磷肥的实验方案中，如果设喷磷（A）与不喷磷（B）两种处理，则两者间的差异既有磷的作用，也有水的作用，这时磷和水的作用混杂在一起解析不出来；若加进喷水（C）的处理，则磷和水的作用可分别从 A 与 C 及 B 与 C 的比较中解析出来，因而可进一步明确磷和水的相对重要性。

（5）拟订实验方案时必须正确处理实验因素及实验条件间的关系。一个实验中只有供试因素的水平在变动，其他因素都保持一致，固定在某一个水平上。根据交互作用的概念，在一种条件下某实验因子的最优水平，换了一种条件，便可能不再是最优水平；反之，亦然。这在品种实验中最明显。例如，在生产上大面积推广的扬麦 1 号小麦品种、农垦 58 号水稻品种，在品种比较实验甚至区域实验阶段都没有显示出它们突出的优越性，而是在生产上应用后，倒过来使主管部门重新认识其潜力而得到广泛推广的。这说明在某种实验条件下限制了其潜力的表现，而在另一种实验条件下则激发了其潜力的表现，因而在拟订实验方案时必须做好实验条件的安排，绝对不要以为强调了实验条件的一致性就可以获得正确的实验结果。例如，品种比较实验时要安排好密度、肥料水平等一系列实验条件，使之具有代表性和典型性。由于单因子实验时实验条件必然有局限性，可以考虑将某些与实验因素可能有互作（特别负互作）的条件作为实验因素一起进行多因素实验，或者同一单因素实验在多种条件下分别进行实验。

（6）多因素实验提供了比单因素实验更多的效应估计，具有单因素实验无可比拟的优越性。但是，当实验因素增多时，处理组合数迅速增加，要对全部处理组合进行全面实验（称为全面实施），规模过大，往往难以实施，因而以往多因素实验的应用常受到限制。解决这一难题的方法就是利用本书后文将介绍的正交实验法，通过抽取部分处理组合（称为部分实施）用于代表全部处理组合以便缩小实验规模。这种方法牺牲了高级交互作用效应的估计，但仍能估计出因素的简单效应、主要效应和低级交互作用效应，因而促进了多因素实验的应用。

第三节　实验误差及其控制

一、实验数据的误差和精确性

通过实验的观察或测定，获得实验数据，这是推论实验结果的依据。然而，研究工作者获得的实验数据往往是含有误差的。例如，测定一个大豆品种南农88-48 的蛋白质含量，取一个样品（specimen）测得结果为 42.35%，再取一个样品测得结果为 41.98%，两者是同一品种的豆粒，理论上应相等，但实际不等；如果再继续取样品测定，所获的数据均可能各不相等，这表明实验数据确有误差。通常将每次所取样品测定的结果称为一个观察值（observation），以 y 表示。理论上这批大豆种子的蛋白质含量有一个理论值或真值，以 μ 表示，则 $y = \mu + \varepsilon$，即观察值=真值+误差，每一观察值都有一误差 ε，可正、可负，$\varepsilon = y - \mu$。

若上述大豆种子是在冷库中保存的，另有一部分是在常温下保存的，也取样品测定其蛋白质含量，其结果为 41.20%，40.80%，…，同样每一观察值均包含有误差。但是，比较冷库的种子和常温的种子，在常温条件下长期保存后，其蛋白质含量有所降低。照理两者都是同一品种、同一块田里收获来的种子，其蛋白质含量应相同。但实际不同，有误差，这种误差是能追溯其原因的。因而对同一块田里同一品种的种子蛋白质含量的测定，观察值之间存在变异，这种变异可归结为两种情况：一种是完全偶然性的，找不出确切原因的，称为偶然性误差（spontaneous error）或随机误差（random error）；另一种是有一定原因的，称为偏差（bias）或系统误差（systematic error）。若以上例中冷库保存的大豆种子为比较的标准，其种子蛋白质含量的观察值可表示为：

$$y_A = \mu + \varepsilon_A \tag{2-1}$$

在常温下保存的大豆种子蛋白质含量的观察值可表示为：

$$y_B = \mu + \alpha_B + \varepsilon_B \tag{2-2}$$

式中　μ——南农 88-48 大豆品种蛋白质含量的真值（理论值）；

ε_A，ε_B——每一样品观察值的随机误差；

α_B——室温保存下（可能由于呼吸作用）导致的偏差或系统误差。

两种保存方法下蛋白质含量的差数为：

$$y_B - y_A = \alpha_B + (\varepsilon_B - \varepsilon_A) \tag{2-3}$$

包含了系统偏差和随机误差两个部分。

实验数据的优劣是相对于实验误差而言的。系统误差使数据偏离了其理论真值，偶然误差使数据相互分散。因而系统误差（α_B 值）影响了数据的准确性，准确性是指观测值与其理论真值间的符合程度；偶然误差（ε_A 值、ε_B 值）影响了数据的精确性，精确性是指观测值间的符合程度。图2-2以打靶的情况来比喻准确性和精确性。以中心为理论真值，图2-2（a）表示5枪集中在中心，准而集中，具有最佳的准确性和精确性；（b）表示5枪偏离中心，有系统偏差但很集中，准确性差，而精确性甚佳；（c）表示5枪既打不到中心，又很分散，准确性和精确性均很差；（d）表示5枪很分散，但能围绕中心打，平均起来有一定准确性，但精确性很差。

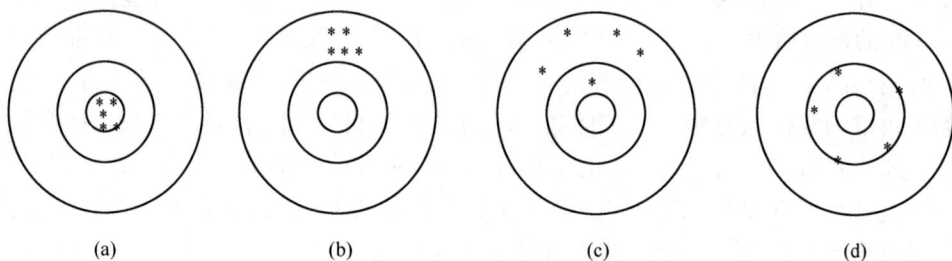

图2-2　由打靶图示实验的准确性与精确性
（a）5枪集中在中心；（b）5枪偏离中心；（c）5枪相对分散；（d）5枪很分散

　　农业和生物学实验中，常常采用比较实验来衡量实验的效应。如果两种处理效应均受同一方向和大小的系统误差干扰，这往往对两种处理效应之间的比较影响不大。当然，若两种处理效应分别受两种不同方向和大小系统误差的干扰，便严重影响两种处理效应间的真实值比较了。但是，一般的实验只要误差控制得好，后面一种情况出现得较少。因而研究工作者在正确设计并实施实验计划的基础上，十分重视精确性或偶然误差的控制，因为这直接影响到后文要介绍的统计推论的正确性。

二、实验误差的来源

　　研究工作者通过实验获得了观测值，其目的是要了解研究对象的真值。若观测中包含了大量的误差便无法由观测值对真值做出估计，因而必须尽量减少误差的干扰。

　　如上所述，系统误差是一种有原因的偏差，因而在实验过程中要防止这种偏差的出现。在各种领域的研究工作中系统偏差出现的原因多种多样，难以一概而论，因而要求各种领域的研究人员熟知本领域研究中产生系统偏差的常发性因素，这有赖于经验的积累，请教同行专家也是十分重要的。导致系统偏差的原因可能不止一个，方向也不一定相同，所以实际观测的系统偏差往往是多种偏差的复合结果。田间实验是农业和生物学研究中最常用的研究手段，与其他研究相比它有很多特殊性，其中最主要的是将生物体的反应作为实验指标，而实验又是在开放的自然条件下进行的，生物体及自然界的气候、土壤本身都存在很多变异，因而田间实验的误差控制是尤其重要的。下一章将专门讨论田间实验的误差来源，尤其是系统误差的来源。

一般地讲，随机误差是偶然性的。整个实验过程中涉及的随机波动因素越多，实验的环节越多，时间越长，随机误差发生的可能性及波动程度便越大。随机误差不可能避免，但可以减少，这主要依赖于控制实验过程，尤其那些随机波动性大的因素。不同专业领域有各自的主要随机波动因素，这同样需要有经验的积累，成熟的研究人员是熟知其关键的。

理论上，系统误差是可以通过实验条件及实验过程的仔细操作而控制的，实际上一些主要的系统性偏差较易控制，而有些细微偏差则较难控制。一般研究工作在分析数据时把误差中的一些主要偏差排除以后，剩下的都归结为随机误差，因而估计出来的随机误差有可能比想像的要大，甚至大得多。

三、随机误差的规律性

理论上，系统偏差源自某种系统性原因，只要仔细检查，它是有规律可循的。至于随机误差，只要确实是随机波动所致，也是有其变化规律的。仍以大豆品种蛋白质含量的测定为例，若从一批种子中抽取 100 份样品，分别进行蛋白质含量的测定，若无系统偏差的干扰，则所得 100 个数据，将其平均数当作理论真值 $\hat{\mu}$(μ 上加帽子表示这 100 个数据所属总体真值的估计值)，根据 $\varepsilon = y - \hat{\mu}$ 可计算出 100 个误差值。这 100 个误差值有"+"、有"−"，平均起来正负相抵消等于 0。若将其画成坐标图，接近于一个对称的钟形图（见图 2-3），在靠近"0"的+、−范围内出现的误差次数多，越远离"0"出现的次数越少。这种随机误差的分布在第四章中将介绍，它是一种正态分布，许多以数量表示的观察值误差常常属于这种模式。了解随机误差模式对以后判断实验结果的表面效应是误差所致，还是一种真实的处理效应所致至关重要的。

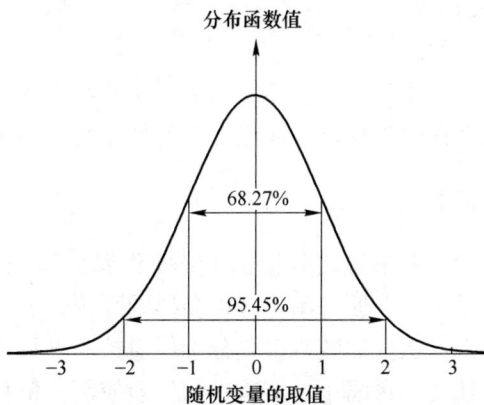

图 2-3 随机误差的分布模式

以上单个样品蛋白质含量测定的误差可用 ε 表示，若测定了多个样品则可用多个样品平均数作代表，表示该品种的平均蛋白质含量。显然，在平均过程中正负误差抵消了一部分，因而平均数与单个观察值相比，虽然存在随机误差，但平均后要小得多。这里要强调，多个观察值的平均数既然是由单个观察值平均得来的，必然也存在随机误差。当然观察值个数越多，其平均数由于正负相互抵消的作用越大并且也更加平均，因而误差便越小。既然平均数的误差是随机误差，因而它也像观察值的误差一样，具有相同的规律性，只是向"0"集中得更明显。

四、随机误差的层次性

仍以大豆品种蛋白质含量测定为例，以上在冷藏的种子中取样品作测定，通常要均匀取约 30 g 种子，磨碎烘干后用克氏法做测定。若取了 100 个 30 g 的样品进行测定，尽管取种子时很注意从各个部位都取到，但这 100 个样品的结果，在严格控制分析技术时 100 个数据间仍然有变异，表明有随机误差存在。实际上进行克氏法定氮时一般只从 30 g 豆粉中取出 2 g 进行分析，技术人员在每次测定时要多次称重、消化、移液，这个过程中往往也有随机因素的影响使结果有波动；因而一般对同一份样品（30 g）进行 2 次测定，若两者相对相差不大便不再做第 3 次测定，否则要进行第 3 次分析直至有 2 个数据相一致为止。从这里可以看到，大豆蛋白质测定中抽取样品时，因为取样过程的随机性存在取样的随机误差，对于同一份样品理论上应相同，但实际分析结果两次测定间仍有随机误差，这一随机误差是由于测定过程中的随机因素导致，而前者是取样过程的随机性所导致的，两者虽然都是随机误差，但是发生的时段或层次不一样，因此，随机误差具有层次性。这里前一阶段的是取样误差，后一阶段的是测定过程误差。此时，观测值可表示为：

$$y = \mu + \varepsilon + \delta \qquad (2\text{-}4)$$

式中　ε——前一阶段误差；

　　　δ——第二阶段误差。

既然不同阶段存在不同的随机误差，而关于实验结果的推断是与随机误差进行比较后作出的，因此研究工作者要注意推断的性质与误差的性质保持一致。

五、实验误差的控制

根据以上关于实验误差来源的分析，研究工作者为保证实验结果的正确性，必须针对各种可能的系统偏差原因预防多种多样的系统误差；同时，针对不同阶段、不同层次偶然性因素造成的随机误差分别尽量控制这种不同阶段、不同层次上发生的随机误差，使之尽量缩小。实验中的误差控制常依赖于经验的积累，而细心的研究工作者往往少走弯路。

第三章　实验优化设计

第一节　环境实验的优化设计

一、单因子优选设计

（一）非均分设计

实验范围不是按等分间隔。一种是正态设计，即在优点附近布点密集，两侧间距渐大；另一种是非正态设计，在起点或终点附近布点密集，又可分为左偏设计（左侧间距渐大）和右偏设计（右侧间距渐大），如重金属对作物的生态效应。

（二）黄金分割设计

所谓优选法也叫快速优选法，它是用最快的速度把最优的方案选出来。优选法被广泛运用于科学实验、工业生产以及日常生活之中。在实际操作时常用"折纸法"来安排实验，同时还要用到黄金数0.618，因而优选法又被称为"黄金分割法"。我国著名数学家华罗庚教授在研究、推广和普及优选法的工作中，做出了重大的贡献，并卓有成效。

那么，优选法是怎么操作的呢? 下面，我们举一个例子来说明。

【例3-1】　混凝法处理废水中，絮凝剂的添加量太多、太少都不好，究竟要加多少这种絮凝剂才能使其效果最好呢? 这就是个优选问题。从实践中已知其最佳加入量在100~200 mg/L之间的某一点，现在通过实验来找到它：先在实验范围内100~200 mg/L的0.618处进行第一次实验（见图3-1），这一点的加入量由下列公式给出：

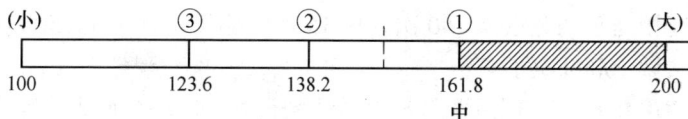

图 3-1　絮凝实验的 0.618 设计（1）

解：

$$第①试点 = (大 - 小) \times 0.618 + 小 \qquad (3-1)$$

第①试点的加入量为：（200-100）×0.618+100=161.8（mg/L）

再在第①试点的对称点处进行第②个实验，此点的加入量由下列公式给出：

$$第②试点 = 大 + 小 - 中 \tag{3-2}$$

第②试点加入量为：（200+100）-161.8=138.2（mg/L）

将两次实验结果进行比较，如果第②点比第①点好，则去掉 161.8 mg/L 以上的部分，然后在留下的部分再找出第②点的对称点，在此作第③个实验，即第③点处的加入量仍由式（3-2）给出，即：

$$第③试点 = （100 + 161.8） - 138.2 = 123.6(mg/L)$$

再比较②、③两点的实验结果，如果仍然是第②点处较好，则去掉 123.6 mg/L 以下的部分，再在留下的部分继续找出第②点的对称点，进行第④个实验，如图 3-2 所示。

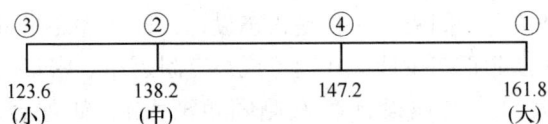

图 3-2   絮凝实验的 0.618 设计（2）

第④试点加入量为：（123.6 + 161.8） - 138.2 = 147.2(mg/L)

对第②、④点的结果进行比较，如果第④点已经令人满意，则实验到此结束。如果第④点还未达到要求，且第④点又比第②点好，就去掉第②点左端部分，在保留下的部分中按同样的方法做下去，如此继续进行，就一定会找到最佳点。

0.618 法的要点是先在实验范围的 0.618 处做第①次实验，再在其对称点做第②次实验，继而比较两次实验结果，去掉"坏点"，留下的点所在的那一段，在留下部分继续按式（3-2）进行实验，如此"实践、认识、再实践、再认识"循环往复，每次都去掉实验范围总长的 0.382，留下的总是范围总长的 0.618，一次比一次更接近最好点，直到取得预计的精度。

上述实验取精度小于 10 mg/L，如果用均分法，至少要做 9 次实验，而用 0.618 法仅需 4 次便可找到优点。计算表明，对于单因素问题，用 0.618 法做 10 次实验的精度相当于均分法做 140 次，做 15 次相当于均分法做 1500 次，19 次便相当于均分法做 10000 次了。

在具体使用 0.618 法时，可用 6 句话帮助记忆："一个原则一个数，两个公式要记住，第一公式用一次，第二公式反复用，去掉坏点留好点，反复实验得结果。"其中原则是指"重实践，抓主要矛盾"的原则，"数"就是指 0.618 这个数字。

在使用 0.618 法时范围是重要的，要求根据经验仔细估算。当然估算得不对也不要紧，因为在这种情况下，优选法给出的最好点将落在边界上，它并非结论，需要超出边界，再做实验。

应该指出，根据 0.618 法优选的好点是相对的。条件变了，就需要另行优选，这包括改变优选范围与另选优选因素两个方面，即"认识无穷尽，优选无止境"。

在实验范围 L 内实验 n 次后，达到精度 ε，则 n 必须满足：

$$0.618^n \times L \leqslant \varepsilon \to n \geqslant 4.8(\lg L - \lg \varepsilon)$$

（三）分数法设计

有时由于各种原因，只允许进行一定数量的实验，而且须将实验范围均分，以确定最好的分点。这在军事上经常遇到，例如为确定某一参数（如怎样的射击角度才具有最大杀伤力），要进行打炮演习，打几炮呢？不能打了再说，而是要预先批准的。因此，要问给定实验的次数时，怎样才能使实验范围尽可能分得细密些？即每实验一次，需要付出很大代价。

【例 3-2】 某单位要确定一个化学反应的较好温度，已知 120 ℃不起反应，200 ℃碳化，希望进行 4 次实验找出较好温度。起先想这样安排，如图 3-3 所示。

图 3-3　化学实验的均分设计

解：

进行 130 ℃、150 ℃、170 ℃、190 ℃下的 4 个实验，精度是±20 ℃。后来改为（见图 3-4）：先进行实验①，对折实验②。实验②比实验①的效果好，去掉170~200 ℃，对折后做实验③。还是实验②好，又去掉 120~140 ℃，再做实验④，仍是实验②好。于是实验②的效果最好，精度达±10 ℃。同样 4 个实验，安排不同，精度提高 1 倍。

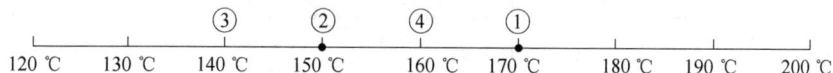

图 3-4　化学实验的分数法设计

粗看起来，就是将实验范围 0~1 分为 8 等分，从 5/8 出发，与 0.618 的办法一样，对折寻找下一实验点，4 次便找到最好的分点。同样，将实验范围(0, 1)分为 13 等分，从 8/13 出发，5 次找到最好分点；分 21 等分，从 13/21 出发，6 次找到最好分点等，这种方法就称为"分数法"。

因为分数 1/2、2/3、3/5、5/8、8/13、13/21 等就是 $(\sqrt{5}-1)/2 = 0.618$ 的

渐近分数，"分数法"也就是用这些分数来代替 0.618 的办法。怎样求得这些分数呢？它是数列 1，2，3，5，8，13，21 等相邻两数的商，而数列的构造，前两项均为 1，而后每一项都是其前面两项之数的和。

如何用分数法来近似地表示 $(\sqrt{5} - 1)/2$ 呢？如果用分数来近似地表示 $(\sqrt{5} - 1)/2$，当然要求分母小，近似程度又尽可能地好。

分数法使用的公式可归纳如下：

$$（大 - 小）× F_n/F_{n+1} + 小 = 第 ① 试点 \tag{3-3}$$
$$（大 + 小）- 中 = 第 ② 试点 \tag{3-4}$$

它与 0.618 法不同之处仅在第①试点的取法，其余则完全相同。

分数法的具体实践口诀是：n 次实验 n 项数，多少等分看分母；第 n 分数试点看，其余对称渐渐优。

有时由于条件限制，实验点的数值只能取某些既定的数（离散数），此时可考虑分数法。

二、双因子优选设计

（一）纵横对折设计

用一张有表格的矩形表示双因素 x，y 的优选范围（见图 3-5），$x \in (a, b)$，$y \in (c, d)$。把表示因素 x 的一边依中对折，在中线 $x = \frac{1}{2}(a+b)$ 上用单因素法找到最大值（设在 P 点取得），再把因素 y 的一边依中对折，在中线 $y = \frac{1}{2}(c+d)$ 上用单因素法再找到最大值（设在 Q 点取得）。

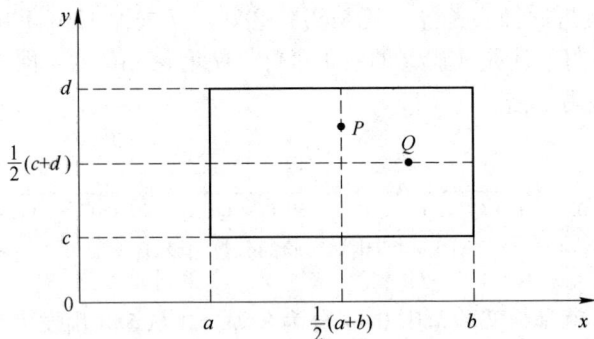

图 3-5　纵横对折设计的因子范围

若 $Q>P$，则去掉左半部分；若 $P>Q$，则去掉下半部分（即去掉不含 P 点或 Q 点的部分，裁掉坏点留下好点）。剩下的部分再用同样的方法做下去，逐步得出需要的结果，如图 3-6 所示。

【例 3-3】 在絮凝实验中，添加量 x 的优选范围为 $100\sim200$ mg/L，搅拌时间 y 为 $10\sim30$ min。先横向对折（见图 3-7），即固定搅拌时间在 20 min，用 0.618 法优选添加量。

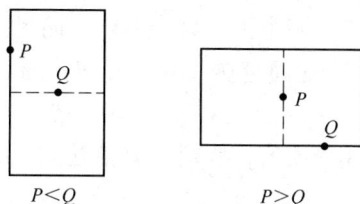

图 3-6 纵横对折设计

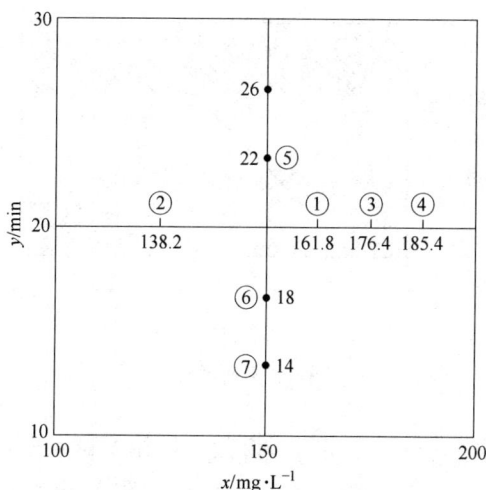

图 3-7 絮凝实验的纵横对折设计

解：

第①试点为 161.8 mg/L，第②试点为 138.2 mg/L，结果①比②好；又试③，③比①好。再试④，③比④好，于是确定③是优点。

而后纵向对折，固定添加量在 150 mg/L，优选搅拌时间，采用分数法，3 次实验（⑤、⑥、⑦）发现⑥较好（18 min）。比较⑥和③，⑥较好，于是去掉上边半个矩形。具体实验结果见表 3-1。

表 3-1 絮凝优选实验

序号	x	y	去除率/%	序号	x	y	去除率/%
①	161.8	20	52.40	⑤	150.0	22	65
②	138.2	20	59	⑥	150.0	18	73
③	176.4	20	55	⑦	150.0	14	70
④	185.4	20	58				

以下继续对保留的半个矩形再进行一次对分法优选，发现优化条件是 $x = 176.4$，$y = 15$，其去除率高达 79%。

（二）平行线设计

在双因素实验中，若只有一个因素易于调整，而另一个因素则难于调整，例如 x 易调、y 难调，则可把 y 先固定在范围 (c, d) 的 0.618 处，即第①试点取：

$$y = c + (d - c) \times 0.618$$

用单因素法在此线上对 x 找最大值，假定在 P 点达到，如图 3-8 所示。

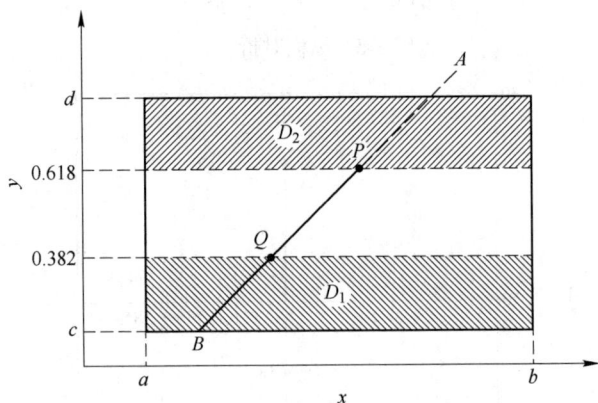

图 3-8 平行线设计

再把 y 固定在范围 (c, d) 的 0.382 处，即第②试点取：

$$y = c + (d - c) \times 0.382$$

仍用单因素法在此线上对 x 寻最大值，假定在 Q 点达到。

比较 P 与 Q 的实验结果，若 P 优于 Q，则去掉 Q 点以下部分，即去掉 D_1：

$$D_1 = \{(x, y) \mid y \leqslant c + (d - c) \times 0.382,\ a \leqslant x \leqslant b\}$$

若 Q 优于 P，则去掉 P 点以上部分，即去掉 D_2：

$$D_2 = \{(x, y) \mid y \geqslant c + (d - c) \times 0.618,\ a \leqslant x \leqslant b\}$$

再用同样的办法处理余下部分，直到得到合适的结果为止。

当然，有时也可作另外的处理。例如，在取得 P 和 Q 后，连接 PQ 并向两端延长。若 P 优于 Q，则下次就在线段 QPA 上优选。若 Q 优于 P，则下次就在线段 PQB 上优选，这样做可以节省一些实验。

【例 3-4】 某酒曲厂由于对制曲室温、湿度掌握得不够好，质量不高，糖化率一直在 50 单位（林德纳值）以下，后来采用双因素平行线对温、湿度条件进行优选，结果使糖化率提高到 65~75 单位，并节约了大量粮食，具体优选过程见表 3-2 和图 3-9。

表 3-2　酒曲厂制曲室温、湿度调整优选实验

序号	湿度/%	温度/℃	糖化率/单位	序号	湿度/%	温度/℃	糖化率/单位
①	86	33.5	44	⑥	79	30.5	52
②	86	30.5	60	⑦	79	29	64
③	86	29.0	69	⑧	79	27.5	70
④	86	27.5	76	⑨	93	33.5	操作困难，发现烂曲
⑤	79	33.5	41	⑩	93	30.5	操作困难，发现烂曲

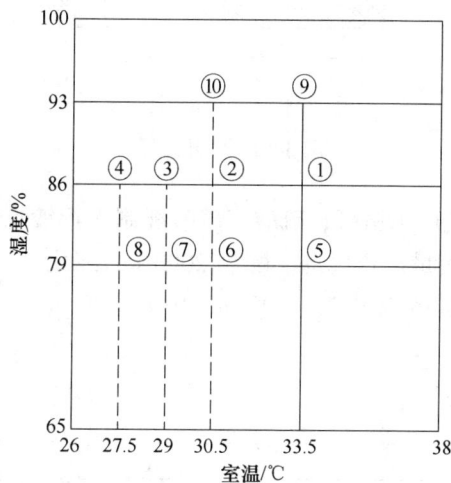

图 3-9　酒曲实验的平行线设计

解：根据温度易调、湿度难变的特点，则固定湿度，优选范围为温度 26~38 ℃、湿度 65%~100%。

$$65 + (100 - 65) \times 0.382 = 79\%$$

首先固定湿度在 65+(100−65)×0.618＝86%处，用 0.618 法优化温度，发现④在 27.5 ℃较好；再固定湿度在此处，优选温度，发现各实验都不如④好。于是固定湿度在（100+79）−86＝93%处，试了几点后，还是不如④好。于是定下制曲室的温度在 28 ℃左右，湿度在 86%为适宜条件。投入生产后，效果果然良好。

（三）旋升设计

先取 ab 中点（也可取 0.618 点，效果一样），引 ab 垂线，在此线上按 0.618 法对 y 求最优化点 P_1。过 P_1 作水平线，按 0.618 法对 x 求最优点 P_2，这时可去掉左半部分 D_1 区；又在通过 P_2 的垂线上对 y 求最优点 P_3，这时可去掉 D_2 区；再在通过 P_3 的水平线上对 x 求最优点 P_4，这时可去掉 D_3 区，如图 3-10 所示。

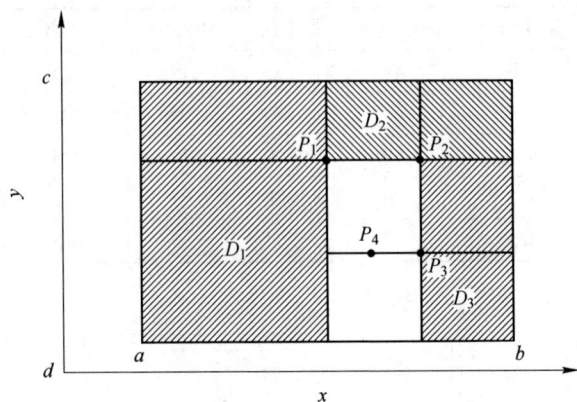

图 3-10　旋升设计

【例 3-5】　某电镀厂用铬酐、硫酸、硝酸配制无毒镀锌的纯化液,对主要因素——硫酸、硝酸的用量进行优选。配制 2000 mL 纯化液,固定铬酐 500 g,硝酸、硫酸加入量的优选范围是 20～100 mL 和 10～80 mL,其余以水补充,如图 3-11所示。

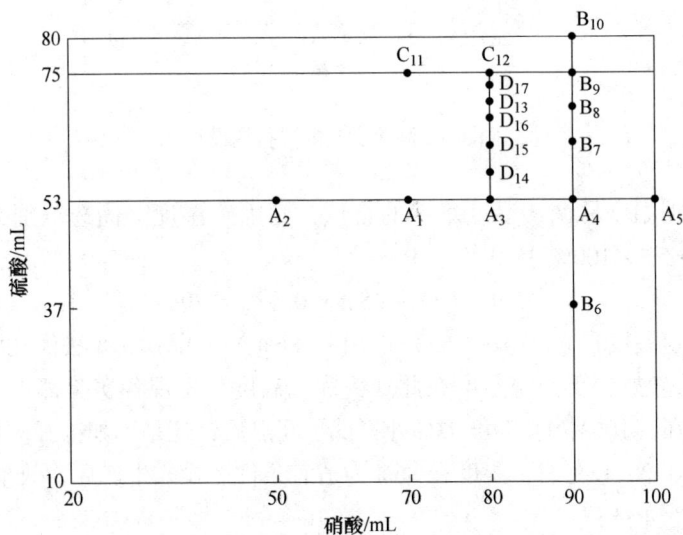

图 3-11　电镀配方的旋升设计

解:

(1) 固定硫酸 53 mL(黄金分割点),确定硝酸较好的加入量,见表 3-3。

表 3-3　固定硫酸 53 mL 条件下的硝酸用量优选实验

序号	硝酸/mL	比较对象	优胜者	备　注
A_1	70			（100−20）×0.618+20=70
A_2	50	A_1、A_2	A_1	100+20−70=50
A_3	80	A_1、A_3	A_3	100+50−70=80
A_4	90	A_3、A_4	A_4	100+20−80=90
A_5	100	A_4、A_5	A_4	A_5 边界点

（2）固定硝酸 90 mL，确定硫酸较好的加入量，见表 3-4。

表 3-4　固定硝酸 90 mL 条件下的硫酸用量优选实验

序号	硫酸/mL	比较对象	优胜者	备　注
A_4	53			重合点
B_6	37	A_4、B_6	A_4	（80−10）×0.382+10=37
B_7	64	A_4、B_7	B_7	（80+37）−53=64
B_8	69	B_7、B_8	B_8	（80+53）−64=69
B_9	75	B_8、B_9	B_9	（80+64）−69=75
B_{10}	80	B_9、B_{10}	B_{10}	边界点

（3）固定硫酸 75 mL，确定硝酸较好的加入量，见表 3-5。

表 3-5　固定硫酸 75 mL 条件下的硝酸用量优选实验

序号	硝酸/mL	比较对象	优胜者	备　注
B_9	90			重合点
C_{11}	70	B_9、C_{11}	B_9	（100−20）×0.618+20=70
C_{12}	80	B_9、C_{12}	C_{12}	（100+70）−90=80

（4）固定硝酸 80 mL，确定硫酸较好的加入量，见表 3-6。

表 3-6　固定硝酸 80 mL 条件下的硫酸用量优选实验

序号	硫酸/mL	比较对象	优胜者	备　注
C_{12}	75			重合点
D_{13}	70	C_{12}、D_{13}	D_{13}	（80−53）×0.618+53=70
D_{14}	58	D_{13}、D_{14}	D_{13}	75+53−70=58
D_{15}	63	D_{13}、D_{15}	D_{13}	65+58−70=63
D_{16}	68	D_{13}、D_{16}	D_{13}	75+63−70=68
D_{17}	73	D_{13}、D_{17}	D_{13}	75+68−70=73

D_{13}、D_{14}、D_{15} 三点实验的纯化液质量差不多，所以实验到此为止。经优选实验，得到较好纯化液的配方是硝酸 40 mL/L、硫酸 35 mL/L、铬酐 250 g/L。用这个配方进行生产，合乎质量标准要求。

（四）逐步提高设计

在实践中，有时不允许像 0.618 法那样来回调试，则可使用逐步提高法。

假设两个因素 x、y，允许调整的幅度是一个单位。据经验或理论估算，取一个比较好的点 $A_0(x_0，y_0)$ 作为出发点，先向上调动一步，即在 $A_1(x_0，y_0+1)$ 处试，如果 A_1 比 A_0 好，就取 A_1 为新出发点。如果 A_1 比 A_0 坏，则用同样的办法依次向左、向下、向右调动着试，找到一个比 A_0 好的点，就作为新的出发点，如此继续，不断提高，直到最佳点。当然，如果四面都不好，则 A_0 便是最高峰了，如图 3-12 所示。

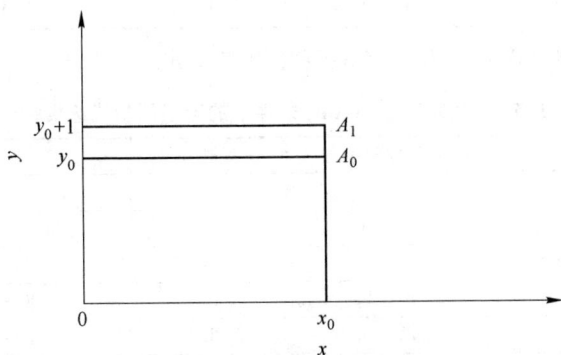

图 3-12　逐步提高设计

这个办法就好比盲人在山坡上，想要爬上山顶，但看不见山顶在何处，怎么办？很简单，从立足处用手杖向前试一步，看高不高，高就向前走一步，不高则再向左或向右试着前进。总之，高则前进，不高则换方向方式。这样一步一步往高处走，就走到山顶。

【例 3-6】　某絮凝实验中，已知常规的絮凝剂添加量为 120 mg/L，搅拌时间为 18 min，现在用逐步提高法判断这个条件是否最优（还有无改进的可能）。

　　解：

假定添加量每增加 20 mg/L 为 1 个单位，时间每 3 min 为一个单位，共进行了 8 次实验，结果如图 3-13 所示。

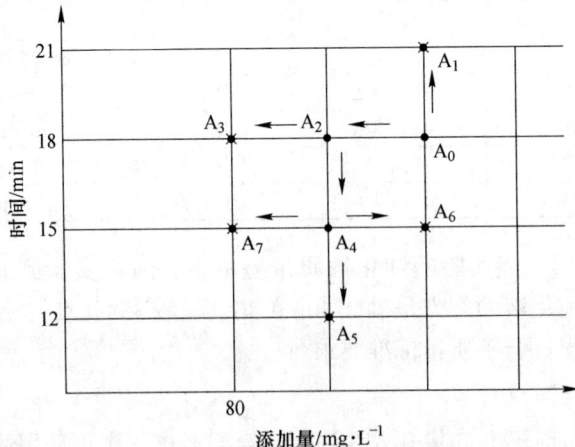

图 3-13　絮凝实验的逐步提高设计

从表 3-7 可知，A_4 为山顶，即最优点（添加量 100 mg/L，时间 15 min）。

表 3-7　絮凝优选实验（逐步提高法设计）

序号	添加量/mg·L⁻¹	时间/min	去除率/%	序号	添加量/mg·L⁻¹	时间/min	去除率/%
A_0	120	18	75	A_4	100	15	81
A_1	120	21	72	A_5	100	12	74
A_2	100	18	78	A_6	120	15	70
A_3	80	18	73	A_7	80	15	65

需要说明的是，盲人的步长也不是一成不变的。一般说来，如果用盲人爬山法找到一点，其前后左右都不及它好，那么，它就是最好点了。但是，此时还可缩短步长再试，以免因步长过大而把更好的点漏掉，此即所谓"临近山顶迈细步"。如上例在 A_4 的四周可缩短步长为 10 mg/L、2 min，可能找到更好的优点。

（五）陡度法设计

在双因素实验中，如果在 A 点做实验得出指标值为 a，B 点的指标值为 b，则称：

$$G_{(A, B)} = \frac{a - b}{(AB \text{ 间的距离})} \qquad (a > b) \qquad (3-5)$$

为由 B 上升到 A 的陡度；或称：

$$G_{(A, B)} = \frac{b - a}{(AB \text{ 间的距离})} \qquad (b > a) \qquad (3-6)$$

为由 A 上升到 B 的陡度，如图 3-14 所示。

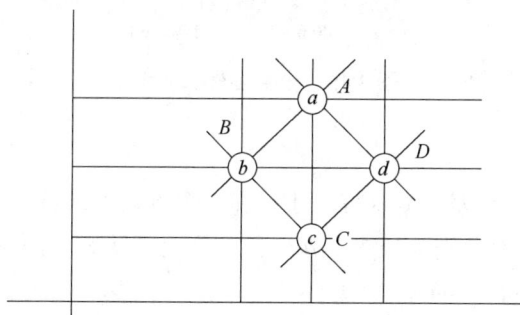

图 3-14　陡坡法设计（1）

开始时可先进行几次实验（如逐步提高法），然后计算所有各个方向上的陡度，取其中大者作为下一个实验的方向，也就是看哪个方向最陡，就向哪个方向爬上去。

值得注意的是，常会遇到 2 个因素的单位量纲不一致，如絮凝剂添加量（mg/L）、搅拌时间（min），此时应给予调整，确定其新单位（一般以"步长"作为新单位）。

【例 3-7】 某絮凝实验中，在常规做法（添加量 120 mg/L）、搅拌时间 18 min 的四周布置了 4 个实验，其结果见表 3-8 和图 3-15。

表 3-8　絮凝优选实验（陡度法设计）

序号	添加量/mg·L^{-1}	搅拌时间/min	去除率/%	序号	添加量/mg·L^{-1}	时间/min	去除率/%
A$_1$	120	21	68	A$_3$	120	15	75
A$_2$	100	18	63	A$_4$	140	18	54

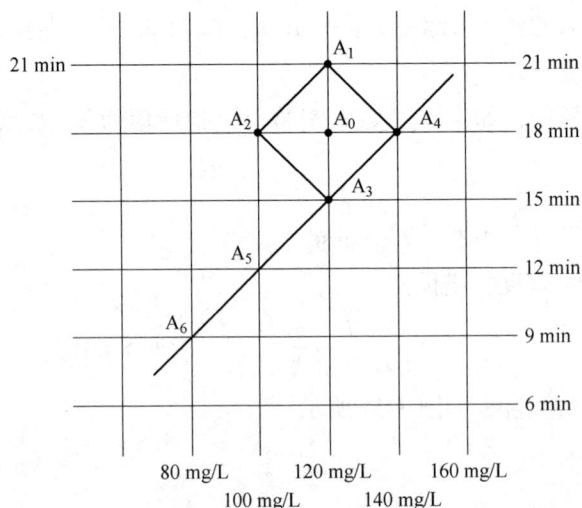

图 3-15　陡度法设计（2）

解：

从表 3-8 看，A$_4$ 最差、A$_3$ 最好。于是在这个方向上继续进行了 A$_5$、A$_6$ 实验，发现 A$_5$、A$_6$ 的去除率分别为 78%、70%，于是便可认为 A$_5$ 为最优点，即添加量 100 mg/L、搅拌时间 12 min。

（六）单纯形法设计

在双因素实验中，选取一个适当的 △ABC，在其顶点各进行一个实验（见图 3-16），如果 C 点的结果较其他两点好，则画一个同样大的 C 的对顶三角形 △DEC，或者说画一个与 △ABC 关于 C 呈中心对称的 △DEC。在 D、E 处实验，如果 D 最好，则又画 D 的对顶三角形 △DFG，继续下去。

在实际应用中，也可能遇到进行不下去的情况，如 *F*、*G* 都不如 *D* 好。这时便在 *FD*、*GD* 的中点 *F'*、*G'* 上试，考虑△*F'G'D*，然后再用上述方法，如果一分再分还是 *D* 好，则一般说来是 *D* 最好。一般情况下，初始△*ABC* 多以平行于坐标轴的直角三角形，这样做可简化计算，又称为直角单纯形法，如图 3-17 所示。

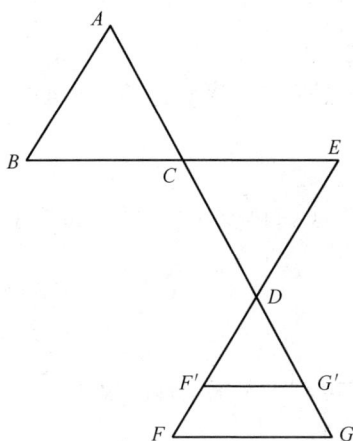

图 3-16　一般三角形单纯形法设计

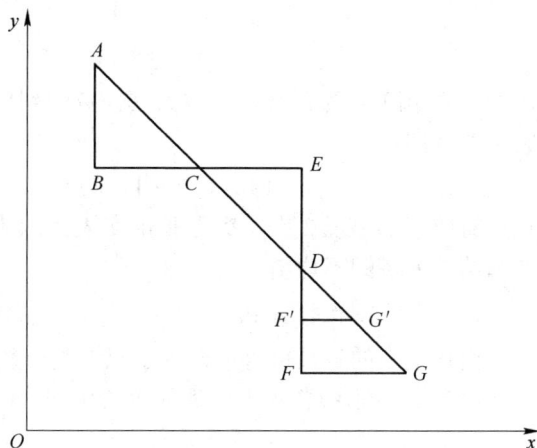

图 3-17　直角三角形单纯形法设计

第二节　环境实验的正交设计

对于多因素多水平实验，正交设计是一种有效的设计手段之一。它是利用正交表制定多因素实验方案，完全设计可以采用正交表进行设计，但正交表更多地用于设计均衡不完全实验方案。当实验因子较多时，采用正交设计既可减少实验处理数，又可保持方案的均衡性。

一、正交表的含义

（一）正交表的定义

设 *A* 是一个 $n \times k$ 阶矩阵，其第 *j* 列元素由数字 1，2，3，…，m_j 构成（也可用其他符号来代替），如果矩阵 *A* 任意两列都搭配均衡，称 *A* 为一个正交表。所谓搭配均衡，是指矩阵 *A* 的任意两列中，同行元素构成的元素是一个完全对，而且每对出现的次数相同，也称完全有序对。

例如：矩阵 *A* 和 *B* 有

$$A = \begin{pmatrix} 1 & 1 & 1 \\ 1 & 1 & 1 \\ 1 & 2 & 2 \\ 1 & 2 & 2 \\ 2 & 1 & 2 \\ 2 & 1 & 2 \\ 2 & 2 & 1 \\ 2 & 2 & 1 \end{pmatrix} \qquad B = \begin{pmatrix} 1 & 1 & 1 \\ 1 & 1 & 2 \\ 1 & 2 & 1 \\ 1 & 2 & 2 \\ 2 & 1 & 2 \\ 2 & 1 & 2 \\ 2 & 2 & 2 \\ 2 & 2 & 2 \end{pmatrix}$$

其中矩阵 A 为正交表，因为其任意两列构成的都是完全有序对，都包含 4 个数字对，即：

$$(1,1), (1,2), (2,1), (2,2)$$

且每对数字都出现 2 次。B 为非正交表，因为 1 列与 3 列缺少（2，1），即第 1 列与第 3 列搭配不均衡。

（二）正交表的特点

由正交表的定义可直接推导出以下两个性质：

（1）每一列中各水平出现的次数相同。例如，第 i 列各水平出现的次数为：

$$r = n/m_i \quad (i = 1, 2, \cdots, k)$$

（2）任意两列构成的水平对中，每个水平对重复出现的次数相同。例如，第 i 列与第 j 列，重复搭配次数为：

$$\lambda = n/(m_i m_j) \quad (i, j = 1, 2, \cdots, k, \ i \neq j)$$

式中，m_i，m_j 分别为第 i 列和第 j 列元素水平数。

（三）正交表的表示符号

在多因素的正交实验中，常把正交表写成表格的形式，并在其左边写上行号（实验号），在其上方写上列号（因素号）。此外，还常把这样的正交表简记为：

$$L_n(m_1 \times m_2 \times \cdots \times m_k)$$

式中，L 为正交表的代号；n 为这张正交表共有 n 行（安排 n 次实验）；$m_1 \times m_2 \times \cdots \times m_k$ 为此表有 k 列（最多安排 k 个因素），并且第 j 列的因素有 m_j 个水平。

（四）正交表的类型

1. 等水平正交表

在正交表 $L_n(m_1 \times m_2 \times \cdots \times m_k)$ 中，若 $m_1 = m_2 = \cdots = m_k = m$，则称为 m 水平正交表，或等水平正交表，记为 $L_n(m^k)$：

$$L_n(m^k) \begin{cases} L: \text{正交表代号} \\ n: \text{行数（安排试验次数）} \\ k: \text{列数（最多安排因素个数）} \\ m: \text{因素水平数} \end{cases}$$

对于等水平正交表，若同时满足：

条件①：

$$n = 1 + \sum_{j=1}^{k} (m_j - 1) = k(m - 1) + 1 = km - k + 1 \qquad (3\text{-}7)$$

即 $k = (n - 1)/(m - 1)$；

条件②：$n = m^{2+i}(i = 0, 1, 2, \cdots)$；

条件③：m 为素数（质数）或素数的平方（因此有 7 水平、9 水平的标准表，而没有 6 水平、8 水平的标准表）；

则称该正交表为饱和正交表（标准正交表）。

常见的饱和正交表（仅列至 5 水平）有：

2 水平：$L_4(2^3)$，$L_8(2^7)$，$L_{16}(2^{15})$，$\cdots$

3 水平：$L_9(3^4)$，$L_{27}(3^{13})$，$L_{81}(3^{40})$，$\cdots$

4 水平：$L_{16}(4^5)$，$L_{64}(4^{21})$，$L_{256}(4^{85})$，$\cdots$

5 水平：$L_{25}(5^3)$，$L_{125}(5^{31})$，$L_{625}(5^{156})$，$\cdots$

$\cdots$

因此，利用标准表可以考察交互效应。

对于 m 水平标准表，其任意 2 个相邻表，都具有如下关系：

（1）只要水平数 m 确定，那么第 i 张标准表就随之确定。可见 m 是构造标准表的主要参数。

（2）对于任何水平的标准表，$i=0$ 时确定一最小号的正交表，其实验号都是水平数的平方，且列数都比水平数多 1。

（3）若不满足上面诸式，则称为非饱和正交表（非标准表），如：

2 水平表：$L_{12}(2^{11})$，$L_{20}(2^{19})$，$L_{24}(2^{23})$，$L_{28}(2^{27})$，$\cdots$

其他水平表：$L_{18}(3^7)$，$L_{32}(4^9)$，$L_{50}(5^{11})$，$\cdots$

非标准表是为缩小标准表实验号的间隔而产生的，尽管也是等水平表，但不能考察因素的交互效应。

2 水平非标准表的构造特点是：表明了除了 2 水平标准表的实验号外，所有能被 4 整除的自然数都能成为 2 水平非标准表的实验号，且列数 k 总比实验号 n 少 1。

2. 异水平正交表

正交表 $L_n(m_1 \times m_2 \times \cdots \times m_k)$ 中，如果有两列水平数不相等，则称为异水平正交表，或混合型正交表。其中最常见的是两种水平的正交表，记为：

$$L_n(m_1^{k_1} \times m_2^{k_2})$$

式中　n——行数（安排实验次数）；

k_1，k_2——列数（最多安排 k_1+k_2 各因素）；

m_1，m_2——因素水平数。

常用的混合型正交表有（仅列至 $n=32$）：

$L_8(4 \times 2^4)$

$L_{12}(3 \times 2^4)$，$L_{12}(6 \times 2^2)$

$L_{16}(4 \times 2^{12})$，$L_{16}(4^2 \times 2^9)$，$L_{16}(4^3 \times 2^6)$，$L_{16}(4^4 \times 2^3)$，$L_{16}(8 \times 2^8)$

$L_{18}(2 \times 3^7)$，$L_{18}(6 \times 3^6)$

$L_{20}(5 \times 2^8)$，$L_{20}(10 \times 2^2)$

$L_{24}(3 \times 2^{16})$，$L_{24}(12 \times 2^{12})$，$L_{24}(3 \times 4 \times 2^4)$，$L_{24}(6 \times 4 \times 2^3)$

$L_{32}(2 \times 4^9)$，$L_{32}(8 \times 4^8)$

…

混合型正交表大致分为以下两种情况：

（1）着重考察的因素需多取水平，如 $L_8(4 \times 2^4)$ 着重考察 1 个因素，$L_{24}(3×4×2^4)$ 着重考察 2 个因素。

（2）某一因素不能多取水平，如 $L_{18}(2×3^7)$。

一般来说，混合型正交表不能考察交互作用，但其中一些由标准表通过并列法改造而得到的，如 $L_8(4×2^4)$ 由 $L_8(2^7)$ 并列得到，可以考察交互作用，但需回到原标准表上进行。

构造正交表是一个比较复杂的问题，并非任意给定的参数 n，k，m_1，m_2，…，m_k，就一定能构造出一张正交表 $L_n(m_1×m_2×\cdots×m_k)$。事实上，有些正交表的构造，到目前为止还有未解决的数学问题。因此，在进行正交设计时一般是查用现成的正交表。

二、正交实验设计

（一）选择合适的正交表

选择合适正交表的原则是既能容纳所有考察因素，又使实验行号最小。具体而言，第一，根据水平数选用相应水平的正交表。第二，根据实验要求选用相应水平的正交表。若是考察主效应，可以选用较小的正交表，只要所有因素均能顺序上列即可。若还需考察交互效应，则选用较大的正交表，而且各因素的排列不能任意上列，要按照各种能考察交互效应的表头设计安排因素。第三，根据允许做实验的正交表的次数和有无重点因素考虑。若只允许进行 9 次实验，而考察因素只有 3~4 个，则用 3 水平的有 $L_9(3^4)$ 表来安排实验。若有重点因素要详细考察，则可选用异水平正交表如 $L_8(4×2^4)$ 等，将重点因素多取几个水平加以详细考察。

（1）要求精度高，可选较大 n 值的正交表。

（2）切不可遗漏重要因素，所以可倾向于多考察些因素。

（3）可以先用水平数较少的正交表做实验，找出重要因素后，对少数重要因素再做有交互作用的实验细致考察。

（二）表头设计与因素上列

所谓表头设计，就是将实验因素安排到所选正交表的各列中的过程。

1. 不考察交互效应的表头设计

根据正交表的基本特性，正交表中每一列的位置是一样的，可以任意变换。因此，不考察交互效应的表头设计非常简单，将所有因素任意上列即可。

2. 考察交互效应的表头设计

在表头设计时，各因素及各交互作用不能任意安排，必须严格按照交互作用列进行配列。避免混杂，是表头设计的一个重要原则，也是表头设计选优的一个重要条件。

（1）交互效应。在常用正交表中，有些只能考察因素的主效应，不能考察交互效应，但有些正交表则能够分析因素间的交互效应。在实验设计中，交互作用一律当作因素对待。作为因素，各级交互作用都可以安排在能考察交互作用的正交表的相应列上，它们对实验指标的影响情况都可以分析清楚。但交互作用又与因素不同，表现在：第一，用于考察交互作用的列不影响实验方案及实施。第二，一种交互作用并不一定只占正交表的一列，而是占有 $(m-1)^{p-1}$ 列（p 为实际实验因素数）。因此在表头设计时，交互作用所占正交表的列数与因素水平数 m 有关、与交互作用级数 $p-1$ 有关，而且 m、p 越大，交互作用所占的列数就越多。

例如，对于 1 个 2^5 因素实验，在表头设计时，若考察因素间的所有各级交互作用，那么连同因素本身，合计应占有的列数为：

$$C_5^1 + C_5^2 + C_5^3 + C_5^4 + C_5^5 = 31 \qquad (3\text{-}8)$$

那么非选 $L_{32}(2^{31})$ 不可，而 2^5 实验的全面实验次数 $n=2^5=32$。所以多因素实验中若考虑所有各项交互作用，则正交表实验号将等于全面实验的次数，这显然是不可取的。

在满足实验要求的条件下，如何突出正交表设计可以大量减少实验次数的优点，有选择性地、合理地考察交互作用是应当妥善处理的问题，但它并不是一个纯粹的数字，而是一个需要综合考察实验目的、专业知识、以往研究经验以及现有实验条件等多方面情况的复杂问题。

（2）一般的处理原则是：第一，高级交互作用通常不予考虑。实际上高级交互作用的影响一般都很小，可以忽略不计。如式（3-8）中后 3 项全部可以略

去，此时实际占有正交表的列数仅为 15。第二，实验设计时，因素间的一级交
互作用也不必全部考虑（尤其是根据专业知识推导时），仅考虑那些作用效果较
明显的，或实验要求必须考察的因素。如上述的 2^5 实验中，若仅考察 1~2 个一
级交互作用，那么选用 $L_8(2^7)$ 即可，实际的实验次数等于总次数的 1/4，减少
了大量的实验次数。第三，允许的情况下尽量选用 2 水平表，以减少交互作用所
占列数。若因素必须多水平时，也可以设法将一张多水平表转化为 2 水平表或多
张 2 水平正交表来完成实验。

第四章 实　　验

第一节　基础实验

实验一　固体废物的采样与制样

（一）实验目的

固体废物的产生过程决定了其具有很大的不均匀性。对于特定的固体废物，只有通过采样分析才能确定其具体的组成和特性，从而制定出合理可行的无害化处理处置或资源化利用技术方案。

在固体废物的分析中，采取固体废物样品是一个十分重要的环节。所采样本的质量如何直接关系到分析结果的可靠性，特别是在实验室对某些有毒有害物质的分析方法已能达到纳克（ng）级高水平的今天，采样可能是造成分析结果变异的主要原因，在某种情况下它甚至起着决定性作用。有时，为满足实验或分析的要求，对采集的样品还必须进行一定的处理，即固体废物的制样。

通过本实验，可以达到以下目的：

（1）了解固体废物采样和制样的目的和意义；

（2）掌握固体废物的采样、制样的基本方法；

（3）根据分析固体废物的性质及分析需要，学会制定采样和制样的方案。

（二）实验原理和方法

1. 采样技术

（1）采样工具。采取生活垃圾样品的工具主要有锹、耙、锯、锤子、剪刀等；采取固态工业废物样品的工具主要有锹、锤子、采样探子、采样钻、气动和真空探针、取样铲等；采取液态工业废物样品的工具主要有采样勺、采样管、采样瓶（罐）、泵、搅拌器等。

（2）份样数的确定。根据统计学原理，样品数的多少，由两个因素决定：一是样品中组分的含量和固体废物总体中组分的平均含量间容许的误差，亦即采样准确度的要求问题；二是固体废物总体的不均匀性，总体越不均匀，样品数应越多。

当已知份样间的标准偏差和允许误差时，可按下式计算份样数。

$$n \geqslant (ts/\Delta)^{1/2} \qquad (4-1)$$

式中 n——必要的份样数；

$\quad\quad s$——份样间的标准偏差；

$\quad\quad \Delta$——采样允许误差；

$\quad\quad t$——选定置信水平下的概率度。

取 $n \sim \infty$ 时的 t 值作为最初 t 值，以此算出 n 的初值。用对应于 n 初值的 t 值代入，不断迭代，直至算得的 n 值不变，此 n 值即为必要的份样数。

当份样间的标准偏差和允许误差未知时，可按表 4-1 ~ 表 4-3 经验确定份样数。

表 4-1　批量大小与最少样品数（固体：t；液体：1000 L）

批量大小	最少样品数	批量大小	最少样品数
< 1	5	≥ 100	30
≥1	10	≥ 500	40
≥5	15	≥ 1000	50
≥30	20	≥5000	60
≥50	25	≥ 10000	80

注：摘自《工业固体废物采样制样技术规范》（HJ/T 20—1998）。

表 4-2　储存容器数量与最小份样数

容器数量	最少份样个数	容器数量	最少份样个数
1~3	所有	344~517	7~8
4~64	4~5	730~1000	8~9
65~125	5~6	1001~1331	9~10
217~343	6~7		

注：摘自德国环境保护局编《生活垃圾特性分析指南》（1989 年）。

表 4-3　人口数量与生活垃圾分析用最小份样数

人口数量/万人	<50	50~100	100~200	>200
最少份样个数	8	16	20	30

（3）份样量的确定。采样误差与样品的颗粒分布、样品中各组分的构成比例以及组分含量有关。因此，当废物组分单一、颗粒分布均匀、污染物成分变化不大时，样品量的大小对采样误差影响不大；反之，则样品量的大小将明显影响采样的精密度。随着样品量的增加，采样误差也随之降低。

与样品数相同，样品量的增加也不是无限度的，否则将给下一步的制样造成负担。样品量的大小主要取决于废物颗粒的粒径上限，废物颗粒越大，均匀性越差，要求样品量也应越大。在采样计划的设计过程中，可根据切乔特公式计算求得最小样品量。

$$Q = Kd^a \tag{4-2}$$

式中　Q——应采取的最小样品量，kg；

　　　d——废物最大颗粒直径，mm；

　　　K——缩分系数，废物越不均匀，K 值越大，一般取 $K = 0.06$；

　　　a——经验常数，随废物均匀程度和易破碎程度而定，一般取 $a = 1$。

对于液态废物的份样量以不小于 100 mL 的采样瓶（或采样器）所盛量为准。

除计算法外，实际工作时也可参考表 4-4 和表 4-5 选取最小份样量。

表 4-4　根据固体废物最大颗粒直径选取的最小份样量

最大颗粒直径/mm	最小份样量/kg	最大颗粒直径/mm	最小份样量/kg
>150	15	30~40	2.5
100~150	10	20~30	2
50~100	5	5~20	1
40~50	3	<5	0.5

表 4-5　根据生活垃圾最大颗粒直径采取最小样品量

废物量大颗粒直径/mm	最小样品量/kg		废物量大颗粒直径/mm	最小样品量/kg	
	相当均匀的废物	很不均匀的废物		相当均匀的废物	很不均匀的废物
120	50	200	10	1	1.5
30	10	30	3	0.15	0.15

注：摘自德国环境保护局编《生活垃圾特性分析指南》（1989 年）。

（4）采样方法。

1）简单随机采样法。这是一种最常用、最基本的采样方法，基本原理是：总体中的所有个体成为样品的概率（机会）都是均等的和独立的。在对固体废物中污染物含量分布状况一无所知，或废物的特性不存在明显非随机不均匀性时，简单随机采样法是最为有效的方法。例如，从沉淀池、储池和大量件装容器的固体废物中抽取有限单元采取废物样品时等。

2）系统随机采样法。这种方法是利用随机数表或其他目标技术从总体中随机抽取某一个体作为第一个采样单元，然后从第一个采样单元起按一定的顺序和间隔确定其他采样单元采取样品。对连续产生或排放的废物、较大数量件装容器存放的废物等常采用此法，有时也用于散状堆积的废物或渣山采样。与简单随机采样法相比，这种方法具有简便、迅速、经济的优点，但当废物中某种待测组分有未被认识的趋势或周期性变化时，将影响采样的准确度和精密度。

系统随机采样法的采样间隔，可根据份样数和实际批量按下式计算。

$$T \leqslant \frac{Q}{n} \quad 或 \quad T' \leqslant \frac{t}{n} \quad 或 \quad T'' \leqslant \frac{N}{n} \tag{4-3}$$

式中　T——采样单元的质量或体积间隔；

$\quad\quad Q$——废物产生的质量或体积；

$\quad\quad n$——按份样数计算公式计算出的份样数或表 4-1~表 4-3 规定的份样数；

$\quad\quad T'$——采样单元的时间间隔，min；

$\quad\quad t$——设定的采样时间段；

$\quad\quad T''$——采样单元的件数间隔；

$\quad\quad N$——盛装废物容器的件数。

采第一个份样时，不可在第一间隔的起点开始，可在第一间隔内随机确定。

在运送带上或落口处采份样，须截取废物流的全截面。

所采份样的粒度比例应符合采样间隔或采样部位的粒度比例，所得大样的粒度比例应与整批废物流的粒度分布大致相符。

3）分层随机采样法。这种方法是将总体划分为若干个组成单元或将采样过程分为若干个阶段（均称之为"层"），然后从每一层中随机采取样品。与简单随机采样法相比，该法的优点是：当已知各层间物理化学特性存在差异，且层内的均匀性比总体要好时，通过分层采样，降低了层内的变异，使得在样品数和样品量相同的条件下，误差小于简单随机采样法，这种方法常用于批量产生的废物和当废物具有非随机不均匀性并且可明显加以区分时。

最少样品数在各层中的分配，可按下式计算获得。

$$N_i = \frac{nQ_i}{Q} \tag{4-4}$$

式中　N_i——第 i 层的样品数；

$\quad\quad n$——按份样数计算公式计算出的份样数或表 4-1~表 4-3 规定的份样数；

$\quad\quad Q_i$——第 i 层废物的质量；

$\quad\quad Q$——废物总体质量。

层可以是体积、质量，也可以是容器个数或产生批次等。分层随机采样法也常用于生活垃圾的分类采样，如不同炊事燃料结构生活垃圾的组成、灰分、热值、渗滤液性质分析等。

4）多段式采样法。所谓多段式采样法，就是将采样的过程分为两个或多个阶段来进行，先抽取大的采样单位，再从大的采样单位中抽取采样单元，而不是像前三种采样方法那样直接从总体中抽取采样单元的方法。

需要注意的是，多段式采样法与分层采样法是不一样的。分层采样法中"层"的概念，一般是按照一定属性和特征将总体划分为若干性质较为接近的类型、组、群等，再从其中抽取采样单元，因此，分层的意义在于缩小各采样单元之间的差异程度。多段式采样则是由于总体范围太大，难以直接抽取采样单元，从而借助中间阶段作为过渡，即除了最后一个阶段是抽取采样单元外，其余阶段都是为了得到采样单元而抽取的中间单位。多段式采样法常用于对区域生活垃圾产生量、垃圾分类和垃圾组分分析时的采样。每一阶段抽取中间单位的个数，根据采样目的来确定，也可以用下式计算。

$$N_i \geqslant 3 \times N_0^{1/3} \tag{4-5}$$

式中　N_i——第 i 阶段抽取的中间单位个数；

　　　N_0——总体的个数。

5）权威采样法。这是一种依赖采样者对检测对象的认识（如特性结构、抽样结构）和判断，以及积累的工作经验来确定采样位置的方法，该方法采取的样品为非随机样品。尽管该法有时也能采取到有效的样品，但在对大多数废物的化学性质鉴别来说，建议不采用这种方法。

综上所述，如果对废物的化学污染物性质和分布一无所知，则简单随机采样法是最适用的采样方法。随着对废物性质资料的积累，则可更多地考虑选用（按所需资料多少的顺序）分层随机采样法、系统随机采样法、多段式采样法，有时还有权威采样法。各种采样方法既可以单独使用，在一定情况下也可以结合起来使用，如多段式采样法与权威采样法的结合使用等。

（5）采样点和采样操作方法。

1）生活垃圾采样。如果在市内设立垃圾采样点，应首先考虑垃圾的产生范围。如果在垃圾堆放场采样，则应注意所采样品的真实性和代表性。

进行垃圾采样作业时，主要采取下列方法：

①大于 3 m^3 的垃圾池（坑、箱）采用立体对角线布点法（见图 4-1），在等距离（不少于 3 个）点处采取垃圾样品，然后制备成混合样，共 100~200 kg。

②小于 3 m^3 的垃圾箱（桶）采用垂直分层的采样方法，层的数量和高度依照盛装垃圾量的多少确定（见表 4-6），然后将各层

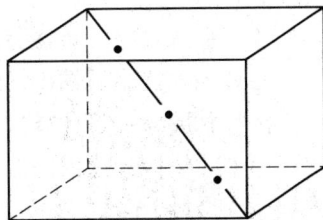

图 4-1　立体对角线布点法

样品等体积混合为一个混合样，每个混合样质量不少于 20 kg。

表 4-6　小于 3 m³ 的垃圾箱（桶）的采样位置

按容器直径计算所装垃圾的高度/%	按容器直径计算采取垃圾样品的间隔高度/%			按混合样品的总体积计算各层份样的体积/%		
	上层	中层	下层	上层	中层	下层
100	80	50	20	30	40	30
90	75	50	20	30	40	30
80	70	50	20	20	50	30
70		50	20		60	40
60		50	20		50	50
50		40	20		40	60
40			20			100
30			15			100
20			10			100
10			5			100

③垃圾车采取当天收运到垃圾堆放场（焚烧厂、填埋场）的垃圾车内的垃圾，在间隔的每辆车内或在其卸下的垃圾堆中采用立体对角线法在 3 个等距离点采取份样，每份样不少于 20 kg，然后等量混合制备成混合样，混合样为 100～200 kg，每次采样不少于 5 车。

④垃圾流在垃圾焚烧厂、堆肥厂的垃圾输送过程中，利用系统随机采样法等时间间隔采取垃圾样品，采样工具的宽度应与输送带宽度相同，并能够接到垃圾流整个横截面的垃圾，每一次间隔内采取的份样品不少于 20 kg，混合样为 100～200 kg。

2）工业固体废物采样。

①件装容器采样：

袋装块、粒状废物。将盛装废物的袋子倾斜 45°并打开袋口，用长铲式采样器从袋中心处插入袋底后抽出，所采的废物样品作为 1 个样品。

袋装污泥状废物。打开袋口，将探针从袋的中心处垂直插入袋底，旋转 90°后抽出，用木片将探针槽内的泥状物刮入预先准备好的样品容器内，然后再在第一个采样位置半径 10～15 cm 处按照相同的方法采取样品，直至采到所需样品量。

袋装干粉状废物。将盛装废物的袋子倾斜 30°，打开袋口，将套筒式采样器开口向下从袋中心处插入袋底，旋转并轻轻晃动几下后抽出，将套筒式采样器内的样品倒入预先铺好的塑料布上，然后转移到样品容器中。

桶（箱）装废物。打开桶（箱）盖子，根据废物颗粒直径大小选择采样器，按图 4-2 所示位置分层采取废物样品。分层的方法和每层采取的份样品量可参照表 4-6。

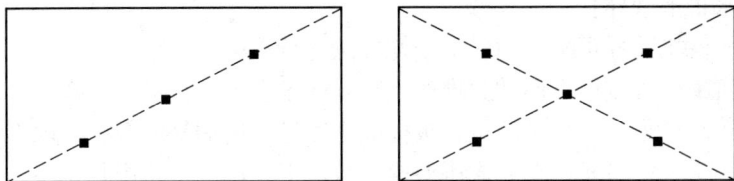

图 4-2　桶（箱）装废物采样点位置

②输送带（或连续产生、排放时）采样：

停机采样。在所选的采样时间段内，按照简单随机采样法抽取采样时间或按照系统随机采样法等时间间隔停止输送带传送废物，在输送带的某一指定位置处采取样品。采样时，用挡板挡住输送带的一边以防止采样时废物从带上滚落，在输送带的另一边用采样铲或锹紧贴皮带并横穿皮带宽度至挡板，采取输送带横截面上的所有废物颗粒作为样品。

不停机采样。在所选的采样时间段内，按照简单随机采样法抽取采样时间或按照系统随机采样法等时间间隔从出料口采样，采样时，用勺式采样器从料口的一端匀速拉向另一端接取完整废物流，每接取一次作为一个样品。

③贮罐（仓）采样：

对贮罐（仓）废物的采样，应尽可能在装卸废物过程中按②或①中的"桶（箱）装废物"采样方法进行操作。当只能在卸料口采样时，应预先将卸料口灰尘等杂物清除干净，并根据卸料口的直径和长度放空适当量废物后再采取样品。采样时，用布袋或桶接住料口，按设定的样品数逐次放出废物，每次放料时间相等，然后将袋或桶中废物混匀，按①方法采取样品。每接取一次废物，作为一个采样单元，采取 1 个样品。

④池（坑、塘）采样：

将池（坑、塘）划分为设定样品数 5 倍数的若干面积相等的网格，顺序编号后用随机数表抽取与样品数相等的网格作为采样单元采取样品。采样时，在网格的中心位置处用土壤采样器或长铲式采样器垂直插入废物的指定深度并旋转 90°后抽出，作为 1 个样品。当池（坑、塘）内废物较厚时，应分上、中、下层采取份样品，等量（体积或质量）混合后再作为 1 个样品。

当废物从池（坑、塘）一端进入时，也可采用分层随机采样法采取样品。采样时，将池（坑、塘）按长度或面积单位分为上、中、下三个区，根据各区大小分配设定的样品数采样。

⑤车内采样：

可按照桶（箱）装废物采样方法进行采样。一车废物既可以作为一个采样单元采取样品，也可以在车内采取多个样品。

⑥脱水机上采样：

带式压滤机采样可按照输送带采样方法进行采样。

离心机采样可按照下面散状堆积废物采样中有关方法进行采样。

板框压滤机采样，将压滤机各板框顺序编号，用抽签的方法抽取不少于30%的板框数作为采样单元，在完成压滤脱水后取下，用小铲将废物刮下，每个板框采取的废物等量（体积或质量）混合后作为1个样品。

⑦散状堆积废物采样：

堆积高度小于0.5 m独立散状堆积废物。将废物堆摊平成10 cm左右厚度的矩形后，等面积划分出设定样品数5倍数的网格，顺序编号，用随机数表抽取设定样品数的网格作为采样单元，在网格中心位置处用采样铲或锹垂直采取全层厚度的废物，一个网格采取的废物作为1个样品。

数个连在一起的散状堆积废物。首先选择最新堆积的废物堆，用系统随机采样法采样。当无法判断堆积时间时，用抽签方法抽取若干废物堆，对各堆废物用系统随机采样法采样，每堆各点采取的份样品等量（体积或质量）混合后组成1个样品。当堆积高度在0.5~1.5 m时，在废物堆距地面的1/3和2/3高度处垂直于中轴各设一个横截面，以上、下截面份样品数之比为3：5的比例分配份样品数，每堆采取的份样品数不少于8个；当堆积高度在1.5m以上时，在废物堆距地面1/3、1/2和2/3高度处垂直于中轴各设一个横截面，以上、下截面份样品数之比为3：5：7的比例分配份样品数，每堆采取的份样品数不少于15个。采样时，量出各横截面的周长，以单位长度作为一个采样单元，随机抽取第一个采样单元后等长度间隔确定其他采样单元，用适宜的采样器垂直于中轴插入，采取距表面10 cm深度的废物作为样品。

⑧渣山采样：

在堆积过程中采样。当废物用输送带连续输送时，按输送带采样方法进行采样；当废物用运输车辆装卸时，用桶（箱）装废物采样方法进行采样；无法在车内采样时，可用散状堆积废物采样方法采取样品。

在填埋作业面边缘采样。首先用皮尺丈量填埋作业面的边缘长度，按设定样品数5倍数进行等分后顺序编号，并确定采样的长度间隔；在第一个等分长度内，用抽签的方法确定具体采样位置采取第一个样品，然后等长度间隔采取其他样品。采样时，在随机确定的采样位置处用土壤采样器或铁锹垂直插入废物中采取样品。

2. 制样技术

（1）制样工具：包括颚式破碎机、圆盘破碎机、玛瑙研磨机、药碾、玛瑙研钵或玻璃研钵、标准套筛、十字分样板、分样铲、挡板、分样器、干燥箱及盛样容器。

（2）制样方法。制样方法包括以下两种。

1）生活垃圾样品制备：

①分拣。将采取的生活垃圾样品摊铺在水泥地面上，按表4-7的分类方法手工分拣垃圾样品，并记录下各类成分的比例或质量。

表4-7　手工分拣垃圾样品

有机物		无机物		可回收物							
动物	植物	灰土	砖瓦陶瓷	纸类	塑料橡胶	纺织物	玻璃	金属	木竹	其他

②粉碎。分别对各类废物进行粉碎，对灰土、砖瓦陶瓷类废物，先用手锤将大块敲碎，然后用粉碎机或其他粉碎工具进行粉碎；对动植物、纸类、纺织物、塑料等废物，用剪刀剪碎。粉碎后样品的大小，根据分析测定项目确定。

③混合缩分。根据分拣得到的各类垃圾成分比例或质量，将粉碎后的样品混合缩分。混合缩分采用圆锥四分法，即将样品置于洁净、平整、不吸水的板面（玻璃板、聚乙烯板、木板等）上，堆成圆锥形，每铲由圆锥顶尖落下，使颗粒均匀沿锥尖散落，不要使圆锥中心错位，反复转堆至少3次，达到充分混合。将圆锥尖顶压平，用十字分样板自上向下压，分成四等分，然后任取两个对角的等份，重复上述操作至所需分析试样的质量。

2）工业固体废物样品制备：

①干燥。使样品能够较容易制备；将采取的样品均匀平铺在洁净、干燥的搪瓷盘中，置于清洁、阴凉、干燥、通风的房间内自然干燥。当房间内晾晒有多个样品时，可用大张干净滤纸盖在搪瓷盘表面遮挡灰尘，以避免样品受外界环境污染和交叉污染。对颗粒较细的样品（如污泥），在干燥过程中应经常用玛瑙锤或木棒等物翻搅和敲打，以防止干燥后结块。当样品中的待测组分不具备挥发或半挥发性质时，也可以采用控温箱低温干燥的方法，干品粉件一次完成，也可以分段完成。在每粉碎一个样品前，应将粉碎机械或工具清扫擦拭干净。

②筛分。使样品保证95%以上处于某一粒度范围，根据样品的最大颗粒直径选择相应的筛号，分阶段筛出全部粉碎后的样品。在筛分过程中，筛上部分应全部返回粉碎工序重新粉碎，不得随意丢弃。

③混合。使样品达到均匀，可以利用转堆方法对样品进行手工混合；当样品数量较大时，应采用双锥混合器或V形混合器进行机械混合，以保证样品均匀。对粒径大于25 mm的样品，未经粉碎不能混合。

④缩分。将样品缩分成两份或多份，以减少样品的质量。

圆锥四分法，见前面叙述。

份样缩分法。当样品数量较大时，应采用份样缩分法，此时，要求样品的粒径小于 10 mm。样品混合后，将其平摊成厚度均匀的矩形平堆，并划分出若干面积相等的网格，然后用分样铲在每个网格中等量取出一份，收集并混合后即为经过一次缩分的样品。如需进一步缩分，应再次粉碎、混合后，按上述方法重复操作至所要求的最小缩分留量。

二分器缩分法。将样品通过二分器三次混合后置入给料斗中，轻轻晃动料斗，使样品沿二分器全部格槽均匀散落，然后随机选取一个或数个格槽作为保留样品。

（三）实验步骤

（1）采样前准备。为了使采集的样品具有代表性，在采集之前要调查研究生产工艺过程、废物类型、排放数量、堆积历史、危害程度和综合利用情况，如采集有害废物则应根据其有害特性采取相应的安全措施。

（2）根据固体废物的特性确定采样份样数和份样量，安排采样方法及布设采样点。

（3）采样的同时应认真填写采样记录表，见表4-8。

（4）根据需要制样，并填写制样记录表，见表4-9。

表 4-8　固体废物采样记录表

采样时间：　　　年　月　日　　　　　　采样地点：

样品名称		废物来源	
份样数		采样法	
份样量		采样人	
采样现场简述			
废物产生过程简述			
采样过程简述			
样品可能含有的主要有害成分			
样品保存方式及注意事项			

表 4-9　固体废物制样记录表

制样时间：　　　年　月　日　　　　　　制样地点：

样品名称		送样人	
样品量		制样人	
制样目的			
样品性状简述			
制样过程简述			
样品保存方式及注意事项			

（四）思考题

（1）固体废物的采样和制样方法有哪些？

（2）如何确定固体废物的份样数和份样量？

实验二 城市生活垃圾的特性分析

（一）实验目的

生活垃圾来自城市生活的各个方面，涉及面非常广泛，性质很不稳定。由于各地气候、季节、生活水平、生活习惯、能源结构及垃圾收集方式的差异，造成城市生活垃圾成分和产量更加多种多样，而且变化幅度也很大。为了有效地进行生活垃圾的技术管理，必须掌握好生活垃圾的特性，在此基础上选择适合的处理方法。本实验的目的在于：

（1）了解表征生活垃圾特性的指标参数；

（2）掌握生活垃圾特性的分析方法。

（二）实验原理

城市生活垃圾的性质主要包括物理、化学、生物化学及感官性能。感官性能是指垃圾的颜色、臭味、新鲜或者腐败的程度等，往往可通过感官直接判断。城市垃圾的物理性质与城市垃圾的组成密切相关，组成不同，物理性质也不同。一般用组分、含水率和容重三个物理量来表示城市垃圾的物理性质。城市垃圾的化学性质对选择加工处理和回收利用工艺十分重要，表示城市垃圾化学性质的特征参数有挥发分、灰分、灰分熔点、元素组成、固定碳及发热值。

（三）实验器材

0.5 t 小型手推货车，100 kg 磅秤，铁锹，竹夹，橡皮手套，剪刀，小铁锤，马弗炉，氧弹式热量计，标准筛，坩埚，容积 100L 的硬质塑料圆桶，干燥箱，锥形瓶等。

（四）实验步骤和方法

1. 组成

垃圾组成的分析步骤如下：

（1）取垃圾试样 25~50 kg，按照表 4-10 的分类进行粗分拣。

表 4-10　生活垃圾分拣

有机物		无机物		可回收物						其他	混合物
动物	植物	灰土	砖瓦陶瓷	纸类	塑料橡胶	纺织物	玻璃	金属	木竹		

（2）将粗分拣后的剩余物过 10 mm 筛，筛上物细分拣各成分，筛下物按其主要成分分类，无法分类的为混合类。

（3）分类称量、计算各成分组成，计算公式如下：

$$C_{i(湿)} = \frac{M_i}{M} \times 100\% \qquad (4-6)$$

$$C_{i(干)} = C_{i(湿)} \times \frac{1 - C_{i(水)}}{1 - C_{(水)}} \qquad (4-7)$$

式中　$C_{i(湿)}$——湿基某成分含量，%；

$\qquad M_i$——某成分质量，kg；

$\qquad M$——样品总质量，kg；

$\qquad C_{i(干)}$——干基某成分含量，%；

$\qquad C_{i(水)}$——某成分含水率，%；

$\qquad C_{(水)}$——样品含水率，%。

2. 含水率

垃圾含水率的分析步骤如下：

（1）将各垃圾成分试样破碎至粒径小于 15 mm 后，置入干燥箱中，在（105±5）℃条件下烘 4~8 h，取下冷却后称量。

（2）重复烘 1~2 h，再称量，直至质量恒定。

（3）计算含水率，公式如下：

$$C_{i(水)} = \frac{1}{m} \sum_{j=1}^{m} \frac{M_{j(湿)} - M_{j(干)}}{M_{j(湿)}} \times 100\% \qquad (4-8)$$

$$C_{(水)} = \sum_{i=1}^{n} C_{i(水)} \times C_{i(湿)} \qquad (4-9)$$

式中　$M_{j(湿)}$——每次某成分湿重，g；

$\qquad M_{j(干)}$——每次某成分干重，g；

$\qquad n$——各成分数；

$\qquad m$——测定次数；

其余符号意义同前。

3. 容重

垃圾容重的分析步骤为：将采取的垃圾试样不加处理装满有效高度 1 m、容积 100 L 的硬质塑料圆桶内，稍加振动但不压实，称取并记录质量，重复 2~4 次后，结果按下式计算容重（kg/m³）。

$$垃圾容量 = \frac{1000}{称量次数} \sum \frac{每次称量质量(kg)}{样品体积(L)} \qquad (4-10)$$

4. 灰分和可燃物含量

垃圾灰分是指垃圾试样在 815 ℃下灼烧而产生的灰渣量。在 815 ℃下，垃圾试样中的有机物质均被氧化，金属也成为氧化物，这样损失的质量也就是垃圾试样中的可燃物质量。其分析步骤如下：

（1）称取并记录一系列坩埚质量。

（2）将粉碎后的各垃圾成分样品按物理组成的比例充分混合后，在每个坩埚中加入适当的量，称取并记录质量。

（3）将盛放有试样的坩埚放入马弗炉（或燃烧炉），在（815±10）℃下灼烧1 h，然后取下冷却。

（4）分别称量并计算含灰量，最后结果取平均值。

$$A = \frac{R - C}{S - C} \times 100\%$$ (4-11)

式中　A——垃圾试样的含灰量，%；

　　　R——在 815 ℃下灼烧后坩埚和试样质量，kg；

　　　S——灼烧前坩埚和试样质量；

　　　C——坩埚的质量。

（5）垃圾的可燃物质量，垃圾的可燃物质量 = $100 - A$。

5. 粒度

垃圾粒度分析步骤为：

（1）将一系列不同筛目的筛子分别称量并记录后，按筛目规格序列由小到大排放；

（2）称取并记录需筛分的试样质量；

（3）在最上面的筛子上放入需筛分的试样后，连续摇动 15 min；

（4）将每个带有试样的筛子称量后，计算各个筛子上的微粒分数。

$$微粒分数 = \frac{（微粒质量 + 筛子质量）- 筛子质量}{总试样质量} \times 100\%$$ (4-12)

6. 热值

垃圾的热值分为高位热值和低位热值。所谓高位热值是指包括产生水蒸气的能量在内的燃烧热量，所谓低位热值则是比高位热值低的可用热量。其分析步骤为：

（1）将垃圾试样粉碎至粒径小于 0.5 mm 的微粒；

（2）在（105±5）℃下烘干至质量恒定；

（3）用氧弹式热量计测定高位热值；

（4）用以下公式计算混合试样的高位热值和低位热值（kJ/kg）。

$$混合试样高位热值_{(干基)} = \sum_{i=1}^{n} （i\,成分高位热值 \times i\,成分质量分数）$$ (4-13)

$$混合试样高位热值_{(湿基)} = 混合试样高位热值_{(干基)} \times (1 - 含水率) \quad (4\text{-}14)$$

$$混合试样低位热值_{(湿基)} = 混合试样高位热值_{(湿基)} - 24.4[含水率 + 9w(\mathrm{H})_{(干)} \times$$
$$(1 - 含水率)] \quad (4\text{-}15)$$

式中　24.4——水的汽化热常数，kJ/kg；

　　$w(\mathrm{H})_{(干)}$——干基氢元素含量，见表 4-11，%。

表 4-11　生活垃圾各成分的干基高位热值和干基氢元素含量

城市生活 垃圾成分	干基高位热值 /kJ·kg⁻¹	干基氢元素 含量/%	城市生活 垃圾成分	干基高位热值 /kJ·kg⁻¹	干基氢元素 含量/%
塑料	32570	7.2	灰土陶瓷	6980	3.0
橡胶	23260	10.0	厨房有机物	4650	6.4
木竹	18610	6.0	铁金属	700	
纺织物	17450	6.6	玻璃	140	
纸类	16600	6.0			

7. 淀粉的测定

垃圾在堆肥处理过程中，需借助淀粉量分析来鉴定堆肥的腐熟程度，这一分析化验的基础是在堆肥过程中形成了淀粉碘化络合物。这种络合物颜色的变化取决于堆肥的降解度，当堆肥降解尚未结束时，呈蓝色，降解结束时即呈黄色。堆肥颜色的变化过程是深蓝→浅蓝→灰→绿→黄。这种试样分析实验的步骤是：

（1）将 1 g 堆肥置于 100 mL 烧杯中，滴入几滴酒精使其湿润，再加 20 mL 36%的高氯酸。

（2）用纹网滤纸（90 号纸）过滤。

（3）加入 20 mL 碘反应剂到滤液中并搅动。

（4）将几滴滤液滴到白色板上，观察其颜色变化。

该实验需用的试剂有：

（1）碘试剂将 2 g 碘化钾溶解到 500 mL 水中，再加入 0.08 g 的碘。

（2）36%的高氯酸。

（3）纯酒精少量。

8. 生物降解度的测定

垃圾中含有大量天然的和人工合成的有机物质，有的容易生物降解，有的难以生物降解。本方法是一种以化学手段估算生物可降解度的间接测定方法，根据生物可降解有机质比生物不可降解有机质更易于被氧化的特点，在原有"湿烧法"测定固体有机质的基础上，采用常温反应以降低溶液的氧化程度，使之有选择性地氧化生物可降解物质。即在强酸性条件下，以强氧化剂重铬酸钾在常温下氧化样品中的有机质，过量的重铬酸钾以硫酸亚铁铵回滴。根据消耗的氧化剂的量，计算样品中有机质的量，再换算为生物可降解度。反应式如下：

$$2K_2Cr_2O_7 + 3C + 8H_2SO_4 \longrightarrow 2K_2SO_4 + 2Cr_2(SO_4)_3 + 3CO_2 + 8H_2O$$

$$K_2Cr_2O_7 + 6FeSO_4 + 7H_2SO_4 \longrightarrow K_2SO_4 + Cr_2(SO_4)_3 + 3Fe_2(SO_4)_3 + 7H_2O$$

本法实验步骤为：

（1）称取 0.5000 g 风干并经磨碎的试样，置于 250 mL 的容量瓶中。

（2）用移液管准确量取 15 mL 重铬酸钾溶液，加入瓶中。

（3）向瓶中加入 20 mL 硫酸，摇匀。

（4）在室温下将容量瓶置于振荡器中，振荡 1 h（振荡频率 100 次/min 左右）。

（5）取下容量瓶，加水至标线，摇匀。

（6）从容量瓶中分取 25 mL 置于锥形瓶中，加试亚铁灵指示剂 3 滴，用硫酸亚铁铵标准溶液滴定，溶液的颜色由黄色经蓝绿色至刚出现红褐色不褪即为本次实验的终点，记录硫酸亚铁铵溶液的用量。

（7）用同样的方法在不放试样的情况下，做空白实验。

（8）按下式计算生物可降解度 BDM：

$$BDM = \frac{(V_0 - V_1) \times C \times 6.383 \times 10^{-3} \times 10}{W} \times 100\% \tag{4-16}$$

式中　V_0——空白实验消耗的硫酸亚铁铵标准溶液的体积，mL；

V_1——样品测定消耗的硫酸亚铁铵标准溶液的体积，mL；

C——硫酸亚铁铵标准溶液的浓度，mol/L；

W——样品质量，g；

6.383——换算系数，碳 $\left[\left(\frac{1}{6} \times \frac{3}{2}\right)C\right]$ 的摩尔质量除以生物可降解物质平均碳含量 47%，g/mol。

本实验所需试剂有：

（1）重铬酸钾溶液 $c\left(\frac{1}{6}K_2Cr_2O_7\right) = 2$ mol/L，将 98.08 g 重铬酸钾溶于 500 mL 蒸馏水中，然后缓慢加入 250 mL 浓硫酸，加蒸馏水至 1L。

（2）硫酸亚铁铵标准溶液 $c[(NH_4)_2Fe(SO_4)_2] = 0.25$ mol/L，小心地将 20 mL 浓硫酸加入 780 mL 水中，再将 980.5 g $(NH_4)_2Fe(SO_4)_2 \cdot 6H_2O$ 溶于其中。

（3）浓硫酸。

（4）试亚铁灵指示剂称取 1.485 g 邻菲罗啉，0.6858 g 硫酸亚铁溶于水中，加水稀释至 100 mL，贮于棕色瓶中。

（五）思考题

（1）简述表征城市生活垃圾的特性参数及其含义。

（2）试对大学校园里垃圾取样进行特性分析。

实验三　总固体、溶解性固体和悬浮固体的测定分析实验

(一) 总固体的测定分析

固体分为总固体、溶解性固体和悬浮固体。总固体是水或污水在一定温度下蒸发，烘干后遗留在器皿中的物质，包括"溶解性固体"（即通过过滤器的全部残渣，也称可滤残渣）和"悬浮固体"（即截留在过滤器上的全部残渣，也称不可滤残渣）。

1. 实验目的

(1) 了解总固体的含义；

(2) 掌握测定分析总固体的原理和操作。

2. 实验原理

将混合均匀的水样，放在称至恒重的蒸发皿内，于蒸汽浴或水浴上蒸干，然后在 103～105 ℃烘箱内烘至恒重，所增加的质量为总固体的含量。

3. 仪器

(1) 直径 90 mm 瓷蒸发皿（或 150 mL 硬质烧杯或玻璃蒸发皿）；

(2) 烘箱；

(3) 蒸汽浴或水浴；

(4) 分析天平；

(5) 干燥器。

4. 操作步骤

(1) 将蒸发皿（或硬质烧杯）每次在 103～105 ℃烘箱内烘 30 min，冷却后称量，直至恒重（两次称量相差不超过 0.0005 g）。

(2) 取适量混合均匀的水样（如 25 mL），使总固体质量大于 25 mg，置于上述蒸发皿（或硬质烧杯）中，在蒸汽浴或水浴上蒸干（水浴面不可接触皿底）。移入 103～105 ℃烘箱内，每次烘 1h，冷却后称量，直至恒重（两次称量相差不超过 0.0005 g）。

5. 计算

总固体含量可按下式计算。

$$P = \frac{(A - B) \times 10^6}{V} \tag{4-17}$$

式中　P——水中总固体的浓度，mg/L；

　　　A——总固体质量与蒸发皿质量之和，g；

　　　B——蒸发皿质量，g；

　　　V——水样体积，mL。

（二）溶解性固体的测定分析

1. 实验目的

（1）了解溶解性固体的含义；

（2）掌握测定分析溶解性固体的原理和操作。

2. 实验原理

将用滤膜（孔径为 0.45 μm）过滤后的水样放在称至恒重的蒸发皿内蒸干，然后在 103~105 ℃烘至恒重，增加的质量为溶解性固体的含量。

3. 仪器

（1）全玻璃或有机玻璃微孔滤膜过滤器；

（2）滤膜，孔径 0.45 μm、直径 60 mm；

（3）吸滤瓶、真空泵；

（4）无齿扁嘴镊子；

（5）蒸发皿；

（6）烘箱；

（7）蒸汽浴或水浴；

（8）分析天平；

（9）干燥器。

4. 操作步骤

（1）将蒸发皿在 103~105 ℃烘箱内烘干 30 min，冷却后称量。反复烘干、冷却、称量，直至恒重（两次称量相差不超过 0.0005 g）。

（2）量取充分混匀的水样抽吸过滤，使水分全部通过滤膜。

（3）停止吸滤后，分取适量过滤后水样，放在已恒重的蒸发皿里，移入 103~105 ℃烘箱中烘干 1 h 后，移入干燥器中，使冷却到室温，称其质量。反复烘干、冷却、称量，直至两次称量的质量差不大于 0.0005 g。

5. 计算

溶解性固体含量可按下式计算。

$$P = \frac{(A - B) \times 10^6}{V} \tag{4-18}$$

式中　P——水中溶解性固体的浓度，mg/L；

　　　A——溶解性固体质量与蒸发皿质量之和，g；

　　　B——蒸发皿质量，g；

　　　V——水样体积，mL。

6. 注意事项

采用不同滤料测得的结果会存在差异，必要时应在分析报告上加以注明。

(三) 悬浮固体的测定分析

1. 实验目的

(1) 了解悬浮固体的含义;

(2) 掌握用重量法测定分析悬浮固体的原理和方法。

2. 实验方法

重量法 (GB 11901—89)。

3. 实验原理

将混合均匀的水样中不能通过孔径为 0.45 μm 滤膜的固体物,经 103～105 ℃烘箱内烘至恒重,所增加的质量为悬浮固体的含量。

4. 仪器

(1) 称量瓶:内径 30～50 mm;

(2) 全玻璃或有机玻璃微孔滤膜过滤器;

(3) 滤膜 (孔径 0.45 μm,直径 60 mm);

(4) 吸滤瓶、真空泵;

(5) 无齿扁嘴镊子;

(6) 烘箱;

(7) 分析天平;

(8) 干燥器。

5. 水样的采集和储存

(1) 采样用洗涤剂。将所用聚乙烯瓶或硬质玻璃瓶洗净,再依次用自来水和蒸馏水冲洗干净。采样前,再用即将采集的水样清洗 3 次。然后,采集具有代表性的水样 500～1000 mL,盖严瓶塞。

(2) 储存。采集的水样应尽快分析测定。如需放置,应储存在 4 ℃冷藏箱中,但最长时间不得超过 7 天。

6. 操作步骤

(1) 滤膜准备:

1) 用无齿扁嘴镊子夹取滤膜,放在已恒重的称量瓶里,移入 103～105 ℃烘箱内烘干 30 min 后取出,置于干燥器内冷却至室温,称其质量。反复烘干、冷却、称量,直至两次称量的质量差不大于 0.0002 g。

2) 将已恒重的滤膜放在滤膜过滤器的滤膜托盘上,加盖配套的漏斗,并用夹子固定好。以蒸馏水湿润滤膜,并不断吸滤。

(2) 测定:

1) 去除漂浮物后振荡水样,量取适量混合均匀的水样,抽吸过滤,使水分全部通过滤膜。

2）每次用 10 mL 蒸馏水连续洗涤 3 次，继续吸滤以除去痕量水分。

3）停止吸滤后，小心取出载有悬浮物的滤膜放在原恒重的称量瓶里，移入烘箱中于 103~105 ℃下烘干 1 h 后移入干燥器中，使冷却到室温，称其质量。反复烘干、冷却、称量，直至两次称量的质量差不大于 0.0004 g。

7. 计算

悬浮固体的浓度可按下式计算。

$$P = \frac{(A - B) \times 10^6}{V} \tag{4-19}$$

式中　P——水中悬浮固体的浓度，mg/L；

　　　A——悬浮固体质量、滤膜质量与称量瓶质量之和，g；

　　　B——滤膜质量与称量瓶质量之和，g；

　　　V——水样体积，mL。

8. 注意事项

（1）漂浮或浸没的不均匀固体物质不属于悬浮物质，应从水样中除去。

（2）储存水样时不能加入任何保护剂，以防破坏物质在固、液间的分配平衡。

（3）滤膜上截留过多的悬浮物可能夹带过多的水分，除延长干燥时间外，还可能造成过滤困难，遇此情况，可酌情少取水样。滤膜上悬浮物过少，则会增大称量误差，影响测定精度，必要时可增大试样体积。一般以 5~100 mL 悬浮物量作为量取水样体积的实用范围。

（四）思考题

（1）简述总固体、溶解性固体和悬浮固体的定义。

（2）简述总固体、溶解性固体和悬浮固体之间的联系。

实验四　垃圾渗滤液中氯化物含量的测定

（一）实验目的

掌握用硝酸银滴定法测定水中氯化物的原理和方法。

（二）实验原理

在中性或弱碱性溶液中，以铬酸钾为指示剂，用硝酸银滴定氯化物时，由于氯化银的溶解度小于铬酸银的溶解度，水样中的氯离子首先被完全沉淀后，铬酸根离子才以铬酸银形式沉淀出来，产生砖红色物质，指示氯离子滴定的终点。反应式如下：

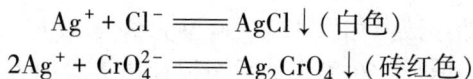

$$Ag^+ + Cl^- \Longrightarrow AgCl\downarrow（白色）$$
$$2Ag^+ + CrO_4^{2-} \Longrightarrow Ag_2CrO_4\downarrow（砖红色）$$

沉淀形成的快慢与铬酸根离子的浓度有关，且必须加入足量的指示剂。由于稍过量的硝酸银与铬酸钾形成铬酸银沉淀的终点较难判断，所以需要用蒸馏水做空白滴定，以做对照判断（使终点色调一致）。

（三）干扰及消除

溴化物、碘化物和氰化物均能与氯化物发生相同的反应。

硫化物、硫代硫酸盐和亚硫酸盐干扰测定，可用过氧化氢处理予以消除；正磷酸盐含量超过 25 mg/L 时发生干扰；铁含量超过 10 mg/L 时使终点模糊，可用对苯二酚还原成亚铁消除干扰；少量有机物的干扰可用高锰酸钾处理消除。

当废水中有机物含量高或色度大、难以辨别滴定终点时，采用加入氢氧化铝进行沉降过滤法去除干扰。

（四）测定范围

本法适用的浓度范围为 10~500 mg/L。

（五）仪器

（1）150 mL 锥形瓶；

（2）50 mL 棕色酸式滴定管。

（六）试剂

（1）氯化钠标准溶液 $[P(NaCl)=0.0141\ mol/L]$：将基准试剂氯化钠置于坩埚内，在 500~600 ℃加热 40~50 min。冷却后，称取 8.2400 g 溶于蒸馏水，并稀释至 1000 mL。吸取 10.0 mL，用水定容至 100 mL。此溶液每毫升含 0.500 mg 氯化物（Cl^-）。

（2）硝酸银标准溶液 $[P(AgNO_3)\approx0.0141\ mol/L]$：称取 2.395 g 硝酸银溶于蒸馏水，并稀释至 1000 mL，储存于棕色瓶中。用氯化钠标准溶液标定其准确浓度，步骤如下：吸取 25.00 mL 氯化钠标准溶液置锥形瓶中，加水 25 mL。另取一锥形瓶，取 50 mL 水作为空白。将上述两个锥形瓶各加入 1 mL 铬酸钾指示液，在不断摇动下用硝酸银标准溶液滴定，至砖红色沉淀刚刚出现时为止。

（3）铬酸钾指示液：称取 5 g 铬酸钾溶于少量水中，滴加上述硝酸银至有红色沉淀生成，摇匀，静置 12 h，然后过滤，用水将滤液稀释至 100 mL。

（4）酚酞指示液：称取 0.5 g 酚酞溶于 50 mL 95%乙醇中，加入 50 mL 水，再滴加 0.05 mol/L 氢氧化钠溶液使溶液呈微红色。

（5）0.05 mol/L 硫酸溶液 $\left(\dfrac{1}{2}H_2SO_4\right)$。

（6）0.2%氢氧化钠溶液：称取 0.2 g 氢氧化钠溶于水中，并稀释至 100 mL。

（7）氢氧化铝悬浮液：称取 125 g 硫酸铝钾 $[KAl(SO_4)_2\cdot12H_2O]$ 溶于 1000 mL 蒸馏水中，加热至 60 ℃，然后边搅拌边缓缓加入 55 mL 氨水。放置约

1 h 后，移至一个大瓶中，用倾泻法反复洗涤沉淀物，直到洗涤液不含氯离子为止，加水至悬浮液体积约为 1000 mL。

（8）30% 过氧化氢（H_2O_2）。

（9）高锰酸钾。

（10）90% 乙醇。

（七）操作步骤

1. 水样预处理

（1）若水样带有颜色，则取 150 mL 水样置于 250 mL 锥形瓶内，或取适当的水样稀释至 150 mL。加入 2 mL 氢氧化铝悬浮液，振荡过滤，弃去最初滤液 20 mL。

（2）若水样有机物含量高或色度大，用方法（1）不能消除其影响时，可采用蒸干后灰化法预处理。取适量废水样于坩埚内，调节 pH 值至 8~9，在水浴上蒸干，置于马弗炉中在 600 ℃ 灼烧 1 h。取出冷却后，加 10 mL 水使其溶解，移入锥形瓶中，调节 pH 值至 7 左右，稀释至 50 mL。

（3）若水样中含有硫化物、亚硫酸盐或硫代硫酸盐，则加入氢氧化钠溶液将水调节至中性或弱碱性，加入 1 mL 30% 过氧化氢，播匀。1 min 后，加热至 70~80 ℃，以除去过量的过氧化氢。

（4）若水样的高锰酸盐浓度超过 15 mg/L，可加入少量高锰酸钾晶体，煮沸。加入数滴乙醇以除去多余的高锰酸钾，再进行过滤。

2. 水样测定

（1）取 50 mL 水样或经过预处理的水样（若氯化物含量高，可取适量水样用水稀释至 50 mL）置于锥形瓶中。

（2）如水样的 pH 值在 6.5~10.5 时可直接测定，超出此范围的水样应以酚酞作指示剂，用 0.05 mol/L 硫酸溶液或 0.2% 氢氧化钠溶液调节 pH 值至 8.0 左右。

（3）加入 1 mL 铬酸钾溶液，用硝酸银标准溶液滴定至砖红色沉淀刚刚出现，即为终点。

3. 空白实验

以 50 mL 水代替水样做空白实验，操作步骤同水样测定。

（八）计算

氯化物的含量可按下式计算。

$$P(氯化物) = \frac{(V_2 - V_1) \times C \times 35.45 \times 1000}{V} (Cl^-, mg/L) \qquad (4-20)$$

式中　V_1——蒸馏水消耗硝酸银标准溶液体积，mL；

V_2——水样消耗硝酸银标准溶液体积，mL；

C——硝酸银标准溶液浓度，mol/L；

V——水样体积，mL；

35.45——氯离子（Cl^-）摩尔质量，g/mol。

（九） 讨论

（1） 简述垃圾渗滤液中氯化物测定的意义？

（2） 干扰本实验结果的因素有哪些？

实验五　城市生活垃圾全磷含量的测定

（一） 实验原理

垃圾样品经硫酸-高氯酸消煮，其中难溶盐和含磷有机物分解形成正磷酸盐进入溶液，在酸性条件下，磷与钒钼酸铵反应生成黄色的三元杂多酸，于 420 nm 波长处进行比色测定。磷浓度在一定的范围内服从比尔定律。

（二） 实验试剂

浓硫酸（H_2SO_4）：$P = 1.84$ g/mL。

高氯酸（$HClO_4$）：$P = 1.68$ g/mL。

10%（m/V）无水碳酸钠（Na_2CO_3）溶液。

2,6-二硝基酚（$C_6H_4N_2O_5$）指示剂：称取 0.2 g 2,6-二硝基酚溶于 100 mL 水中。

偏钒钼酸铵溶液：钼酸铵 [$(NH_4)_6Mo_7O_{24} \cdot 4H_2O$] 溶液：将 25 g 钼酸铵溶于 400 mL 水中。偏钒酸铵（NH_4VO_3）溶液：将 1.25 g 偏钒酸铵溶于 300 mL 沸水中，冷却后，加入 250 mL 浓硝酸，冷却至室温。将钼酸铵溶液慢慢加入偏钒酸铵溶液中稀释至 1000 mL，若有沉淀应过滤。

磷标准储备液：准确称取经 105~110 ℃烘干 1 h 在干燥器中冷却至室温的磷酸二氢钾（KH_2PO_4）2.1970 g，溶于水中，定容至 500 mL。此标准溶液磷浓度为 1 mg/mL，溶液在玻璃瓶中可储存 6 个月。

磷标准使用液：吸取磷标准储备液 10 mL 于 500 mL 容量瓶中定容，此溶液磷含量为 20 μg/mL。

（三） 实验仪器

（1） 可见光分光光度计；

（2） 分析天平；

（3） 可调温电炉。

（四） 实验内容

（1） 标准曲线的绘制：分别吸取磷标准使用液 0.00 mL、1.00 mL、

2.00 mL、4.00 mL、5.00 mL、6.00 mL、8.00 mL加入7个50 mL容量瓶中,滴加2,6-二硝基酚指示剂2滴,用10%无水碳酸钠溶液调至黄色,再加入10 mL偏钒钼酸铵混合溶液后定容,即得0.00 μg/mL、0.40 μg/mL、0.80 μg/mL、1.60 μg/mL、2.00 μg/mL、2.40 μg/mL、3.20 μg/mL磷标准系列溶液;放置30 min,在波长420 nm处用3 cm比色皿进行比色,读取吸收值。以吸收值为纵坐标,磷浓度(μg/mL)为横坐标,绘制标准曲线。

(2)试样消解:称取约0.5 g的试样,精确至0.0001 g,于锥形瓶中用水润湿样品,加入3 mL浓硫酸,滴加7~10滴高氯酸,瓶口盖一小漏斗,将锥形瓶置于电炉上加热消煮,开始温度不宜过高,炉丝微红,勿使硫酸冒白烟,消化5~8 min,如样品呈灰白色,继续消煮,使硫酸发烟回流,全部消煮40~60 min。取下锥形瓶冷却至室温,将瓶内消煮液全部转移到100 mL容量瓶中,加水至刻度,摇匀,静置,待到上清液A用于试样的测定。

注意:

(1)应使用可调温电炉,开始消煮时温度不宜过高,电炉丝微红即可;当消煮至高氯酸烟雾消失,提高温度使硫酸发烟回流,但要防止溶液溅出。

(2)在消解过程中,若样品呈黑色或棕色,则表示高氯酸用量不足,此时可移下锥形瓶稍冷后,补加高氯酸再放到电炉上加热,直至样品呈灰白色。

(3)试样的测定:

1)显色。吸取5 mL(2)中得到的上清液A于50 mL容量瓶中,用水稀释至总体积约3/5处。滴加2,6-二硝基酚指示剂2滴,用10%无水碳酸钠溶液调至黄色,以下操作同标准曲线。

2)比色。室温下放置30 min,在波长420 nm处,用3 cm比色皿进行比色,以空白实验为参比液调节仪器零点,进行比色测定,读取吸光值,从校准曲线上查得相应的磷含量。

(五)分析结果的表述

垃圾中全磷c的含量用下式表示:

$$c = \frac{m \times V_1 \times V_3}{m_{样} \times V_2 \times 10^6} \times 100\% \qquad (4\text{-}21)$$

式中 m——从标准曲线上查得待测液中磷的浓度,mg/L;

     $m_{样}$——称样量,g;

     V_1——消解液定容体积,mL;

     V_2——消解液吸取量,mL;

     V_3——待测液定容体积,mL。

实验六　固体废物中有机质的测定

（一）实验目的

掌握测定固体废物中的生物体及其残渣，如农业废弃物、粪便、厨余、清扫垃圾、污泥等中有机质含量的测定方法。

（二）实验原理

1. 容量法

用一定量的重铬酸钾-硫酸溶液在外加热的条件下，使固体废物中的有机碳氧化，剩余的重铬酸钾用硫酸亚铁铵（或硫酸亚铁）标准溶液滴定，并以二氧化硅为添加物做试剂空白标定；根据氧化前后氧化剂的消耗量，计算出固体废物中有机质的含量（以碳计）。

2. 燃烧法

将在 105 ℃下除去吸湿水的样品称重后置于已恒重的带盖瓷坩埚中，放入预先加热到 600 ℃的高温马弗炉中灼烧 30 min 至恒重后取出坩埚移入干燥器中，两次称重之差即是固体废物中有机质的质量。

（三）试剂和材料

（1）硫酸：密度 1.84 g/mL。

（2）硫酸溶液：1+1。

（3）重铬酸钾-硫酸溶液 $\left[c\left(\dfrac{1}{6} K_2Cr_2O_7 \right) = 0.4 \text{ mol/L} \right]$：称取重铬酸钾 39.23 g 溶于 600~900 mL 水中，加水稀释至 1 L，将溶液移入 3 L 大烧杯中。另取 1 L 相对密度为 1.84 的浓硫酸慢慢地倒入重铬酸钾水溶液内，不断搅动，为避免溶液急剧升温，每加入约 100 mL 硫酸后稍停片刻，并把大烧杯放在盛有冷水的盆内冷却，待溶液的温度降到不烫手时再加另一份硫酸，直到全部加完为止。

（4）重铬酸钾基准溶液 $\left[c\left(\dfrac{1}{6} K_2Cr_2O_7 \right) = 0.25 \text{ mol/L} \right]$：称取经 120 ℃干燥 4 h 的基准重铬酸钾 12.2577 g，先用少量水溶解，然后转移入 1 L 容量瓶中，用水稀释至刻度，混匀。

（5）硫酸亚铁铵（或硫酸亚铁）标准滴定溶液 $[c(Fe^{2+}) = 0.25 \text{ mol/L}]$：称取硫酸亚铁铵 $[(NH_4)_2SO_4 \cdot FeSO_4 \cdot 6H_2O]$ 100 g 或硫酸亚铁（$FeSO_4 \cdot 7H_2O$）70 g，溶于 900 mL 水中，加入硫酸 20 mL，用水稀释至 1 L，摇匀后储于棕色瓶中。此溶液易被空气氧化，故每次使用时必须用重铬酸钾基准溶液标定。

（6）硫酸亚铁铵（或硫酸亚铁）标准溶液的标定：准确吸取 25.0 mL 重铬酸钾基准溶液于 250 mL 三角瓶中，加 50~60 mL 水、10 mL 硫酸溶液和邻菲啰啉指示剂 3~5 滴，用硫酸亚铁铵（或硫酸亚铁）标准溶液滴定，被滴定溶液由橙色转为亮绿色，最后变为砖红色为终点。根据硫酸亚铁铵（或硫酸亚铁）标准滴定溶液的消耗量，按下式计算其准确浓度 c_2。

$$c_2 = (c_1 \times V_1)/V_2 \tag{4-22}$$

式中　c_1——重铬酸钾基准溶液的浓度，mol/L；

　　　V_1——吸取重铬酸钾基准溶液的体积，mL；

　　　V_2——滴定消耗硫酸亚铁铵（或硫酸亚铁）标准滴定溶液的体积，mL。

（7）邻菲啰啉指示剂溶液：称取邻菲啰啉 1.490 g 溶于含有 1.0 g 硫酸亚铁铵（或 0.700 g 硫酸亚铁）的 100 mL 水中，此指示剂易变质，应密闭保存于棕色瓶中备用。

（8）二氧化硅：筛取粒径小于 0.25 mm 的二氧化硅，在 600 ℃ 马弗炉中活化 4h，取出稍冷，移入干燥器中冷却后装入磨口瓶中，置于干燥器中保存备用。

（四）仪器和设备

（1）分析天平：感量 0.0001 g；

（2）容量瓶：1 L；

（3）移液管：15.00 mL、25.00 mL；

（4）水浴缸：能控制温度（100±5）℃；

（5）瓷坩埚：容积 30 mL，具盖；

（6）高温马弗炉：带有能保持（600±20）℃ 的调温装置，附有热电偶和高温表；

（7）干燥器：内装干燥剂（未潮解的块状氯化钙或硅胶）；

（8）鼓风干燥箱：带有自动控温装置，能保持温度在（105±5）℃ 范围内。

（五）实验方法步骤

1. 容量法测定步骤

（1）称样：称取试样 0.01~0.5 g（精确至 0.0001 g），置于 250 mL 三角瓶中，准确加入重铬酸钾-硫酸溶液 15 mL 摇匀，并于三角瓶口加一弯颈小漏斗。

（2）消煮：将盛有试样的三角瓶置于沸水中保温 30 min，取下冷却。如煮沸后的溶液呈绿色，表示重铬酸钾用量不足，应再称取较少的试样重做。

（3）滴定：用水冲洗三角瓶，瓶中溶液总体积应控制在 75~100 mL，加 3~5 滴邻菲啰啉指示剂，用硫酸亚铁铵（或硫酸亚铁）标准溶液滴定，被滴定溶液由橙色转为亮绿色，最后变成砖红色为滴定终点，记录硫酸亚铁铵（或硫酸亚铁）标准滴定溶液用量（V）。为了保证有机碳氧化完全，如样品测定时所用硫酸亚铁铵（或硫酸亚铁）溶液体积小于空白标定时所消耗硫酸亚铁铵（或硫酸亚铁）溶液体积的三分之一时，需减少称样量重做。

（4）空白实验：每批分析时，必须做 2~3 个空白标定；空白标定不加试样，但加入与称取试样质量一致的二氧化硅 0.01~0.5 g，其他步骤与测定试样时完全相同，记录硫酸亚铁铵（或硫酸亚铁）标准滴定容量用量（V_0）。

2. 燃烧法测定步骤

（1）在已于 600 ℃下灼烧至质量恒定的带盖瓷坩埚中称取烘干试样 0.5 g（精确至 0.0001 g），将坩埚盖好，轻轻振动以便试样铺平。

（2）将坩埚放入预先加热到 600 ℃的高温马弗炉中灼烧 30 min 后，取出坩埚移入干燥器中，冷却后称重。

（3）采用容量法测定固体废物中的有机碳含量，采用燃烧法测定固体废物中的有机质含量。

（六）结果计算与分析

（1）容量法测定固体废物有机质（以碳计）含量，由下式计算：

$$\omega = [(V_0 - V)c_2 \times 0.003 \times 1000]/m \qquad (4\text{-}23)$$

式中　ω——干基有机质（以碳计）含量，mg/g；

　　V_0——空白滴定时消耗硫酸亚铁铵（或硫酸亚铁）标准溶液的体积，mL；

　　V——测定试样时消耗硫酸亚铁铵（或硫酸亚铁）标准溶液的体积，mL；

　　c_2——硫酸亚铁铵（或硫酸亚铁）标准溶液的浓度，mol/L；

　0.003——与 1.00 mL 浓度为 1.00 mol/L 硫酸亚铁铵（或硫酸亚铁）标准溶液相当的碳质量，g/mol；

　　m——烘干试样质量，g；

　1000——单位折算倍数。

（2）燃烧法测定固体废物有机质含量 χ，由下式计算：

$$\chi = (m_0 - m_1)/m \times 1000 \qquad (4\text{-}24)$$

式中　χ——干基有机质含量，mg/g；

　　m_0——坩埚加烘干样品质量，g；

　　m_1——坩埚加灼烧后样品质量，g；

　　m——烘干样品质量，g；

　1000——单位折算倍数。

实验七　固体废物有机质含量的分析

（一）实验原理

在加热条件下，用标准重铬酸钾-硫酸溶液测定氧化固体废物中的有机质，多余的重铬酸钾用硫酸亚铁溶液滴定，由消耗的重铬酸钾量计算出有机质含量，再乘以常数 1.724，即为固体废物中有机质的含量。

（二）所需药品及配制方法

（1）0.8000 mol/L 重铬酸钾标准溶液：称取经过 130 ℃烘 3~4 h 的分析纯重

铬酸钾（$K_2Cr_2O_7$）39.225 g，溶解于400 mL去离子水中，必要时可加热溶解，冷却后稀释定容到1 L，摇匀备用。

（2）0.2 mol/L硫酸亚铁溶液：称取化学纯硫酸亚铁（$FeSO_4 \cdot 7H_2O$）55.6 g（或硫酸亚铁铵78.4 g），加6 mol/L硫酸（浓硫酸35.6～36.8 mol/L）30 mL溶解，加水稀释定容到1 L，摇匀备用。

（3）浓硫酸（分析纯）400 mL。

（4）浓磷酸（分析纯）500 mL。

（三）所需仪器设备

表4-12为实验用仪器设备。

表4-12 实验用仪器设备

仪器设备	规 格	数量/台（个）
硬质试管		4个×2组
三角瓶	250 mL	4个×2组
酸式滴定管	25 mL	1个×2组
电炉子		1个×2组

（四）实验操作及数据处理

准确称取通过60目（0.25 mm）筛风干固体废物样品0.1～0.5 g（建议初次称0.2000 g，根据加热后颜色的变化适当再调整质量，精确到0.0001 g），放入干燥的硬质试管中，避免固体废物黏到管壁上；加入0.8000 mol/L重铬酸钾标准溶液5 mL，再沿管壁缓慢加入5 mL浓硫酸，小心摇匀盖上弯管漏斗。每个样品称取2份，平行操作。

预先将浓磷酸加热至微沸腾（也可用石蜡油浴锅，温度为170～180 ℃）。趁热将硬质试管放入沸腾的磷酸中，使硬质试管中的溶液保持微沸腾（注意：调整电炉功率，防止爆沸，液体溅出）5 min后，溶液为黄色（如果煮沸的溶液为偏绿色，应减量重新称取样品氧化处理），待试管冷却后擦净外面的磷酸。

冷却后将试管内溶液洗入250 mL三角瓶中，使瓶内总体积在60～80 mL，然后加入亚铁灵指示剂2～3滴，用0.2 mol/L硫酸亚铁溶液滴定，溶液由黄色经过绿色突然变到棕红色即为终点。

在测定样品的同时必须做2个空白实验，取其平均值。空白样品可以取二氧化硅或纯砂代替固体样品，以免溶液溅出，其他操作同上。

实验结果计算公式为：

$$有机质含量 = \frac{\dfrac{0.8000 \times 5}{V_0} \times (V_0 - V) \times 0.003 \times 1.724 \times 1.1}{样品质量} \times 100\%$$

（4-25）

式中　V_0——5 mL 0.8000 mol/L 标准重铬酸钾空白滴定用去的硫酸亚铁的体积，mL；

　　　V——滴定待测液中过剩的 0.8000 mol/L 标准重铬酸钾用去的硫酸亚铁体积，mL；

　0.003——1 mg 当量碳的克数；

　1.724——由固体废物有机碳换算成有机质的经验常数；

　1.1——校正常数。

（五）注意事项

（1）由于该法所测的有机质一般只能为实际含量的 90%，因此必须乘以 1.1 的校正常数。

（2）消煮的时间必须尽量准确，否则对分析结果有较大的影响，必须从试管内溶液表面开始翻动才能计算时间。

（3）消煮温度要严格控制在 170~180 ℃。当加入浓硫酸时会产生大量热量，应趁热放入磷酸浴中消煮。

（4）消煮好的溶液颜色，一般应是黄色或是黄中带绿；如果以绿色为主，则说明重铬酸钾的用量不足，有氧化不完全的可能，应弃去重做。

实验八　固体废物 pH 值的测定

（一）实验原理

用 pH 值计测定固体物质悬浊液的 pH 值时，由于玻璃电极外溶液 H^+ 活度的不同产生电位差，$E = 0.0591 \lg \dfrac{a_1}{a_2}$，$a_1$ 为玻璃电极内溶液的 H^+ 活度（固定不变）；a_2 为玻璃电极外溶液（即待测液 H^+ 活度）电位计上读数换算成 pH 值后，在刻度盘上直接读出 pH 值。

（二）所需药品及配制方法

标准 pH 值缓冲溶液的配制如下。

pH 值为 6.86。称取在 50 ℃下烘干的 3.39 g 磷酸二氢钾和 3.53 g 无水磷酸氢二钾，定容到 1 L。

pH 值为 9.18：用 3.80 g 硼砂溶于无二氧化碳的冷水中定容到 1 L。

pH 值为 4.01：称取 10.21 g 在 105 ℃下烘干的邻苯二甲酸氢钾，用水稀释定容到 1 L。

（三）所需仪器设备

表 4-13 为实验用仪器设备。

表 4-13 实验用仪器设备

仪器设备	规　　格	数量/台（个）
酸度计		1 台
烧杯	100 mL	2 个×2 组
搅拌子		2 个×2 组
搅拌器		2 个×2 组

（四）实验操作及数据处理

称取 10 g 固体样品置于 100 mL 烧杯中，加 50 mL 蒸馏水后置于搅拌器上，搅拌 20 min 后静置 10 min，用校正过的 pH 值计测定悬浊液的 pH 值。测定时将玻璃电极球部浸没于悬浊液中，记下 pH 值即可。

pH 值计校正：预热 30 min 后，首先把温度补偿调到和溶液温度接近。校正时要把仪器的斜率调到最大，并拨开电极上部的橡胶塞，使小孔露出；否则，在进行校正时，会产生负压，导致溶液不能正常进行离子交换，会使测量数据不准确。将电极从饱和 KCl 溶液中取出来，用蒸馏水冲洗干净，并用滤纸轻轻吸干周边的水分。将电极放进装有 pH 值为 6.86 缓冲溶液的烧杯内，待显示器上的数值基本稳定时，观察仪器显示是否为 6.86；如果不是，需要调整仪器上的定位旋钮，使仪器显示 pH 值为 6.86，这是给仪器定基准点。

定好基准点后，把电极从烧杯内取出，用蒸馏水洗净电极，并用滤纸把电极上残留的水分吸干。然后，将电极放进装有邻苯二甲酸氢钾（pH 值为 4.01）或硼砂（pH 值为 9.18）的溶液中，待显示器上的数值基本稳定时，观察仪器显示 pH 值是否为 4.01 或 9.18。如果不是就要调节仪器上的斜率旋钮，使仪器显示为 4.01 或 9.18。

反复进行上面定位和斜率的校正，直到不用调节旋钮，仪器显示的 pH 值即为缓冲溶液的 pH 值（允许±0.02），校正完毕。

（五）注意事项

（1）玻璃 pH 值计电极头的敏感膜壁薄易碎，不要碰碎。

（2）操作时电极要保持竖直，切忌平放或倒置。每次测试前及测试完毕，电极都须用蒸馏水冲洗干净，并用滤纸轻轻吸干周边的水分。

（3）电极使用完毕后，尽快浸泡在饱和 KCl 溶液中，不要在水中长期放置。

实验九　固体废物有效磷含量的测定

（一）实验原理

固体废物中的有效磷多以磷酸一钙和磷酸二钙状态存在，可用 0.5 mol/L 碳酸氢钠提取到溶液中；然后，将待测溶液用钼锑抗混合显色剂在常温下进行还原，使黄色的锑磷钼杂多酸还原成磷钼蓝，进行比色测定。

（二）所需药品及配制方法

（1）0.5 mol/L碳酸氢钠：称取化学纯碳酸氢钠42 g溶于800 mL水中，以0.5 mol/L氢氧化钠调 pH 值至 8.5，洗入 1000 mL 容量瓶中，定容至刻度，贮存于试剂瓶中。

（2）无磷活性炭：为了去除活性炭中的磷，先用 0.5 mol/L 碳酸氢钠浸泡过夜，然后在平板瓷漏斗上抽气过滤，再用 0.5 mol/L 碳酸氢钠溶液洗 2～3 次，最后用水洗去碳酸氢钠并检查到无磷为止，烘干备用。

（3）磷（P）标准溶液：准确称取 45 ℃ 烘干 4～8 h 的分析纯磷酸二氢钾 0.2197 g 于小烧杯中，以少量水溶解，将溶液全部洗入 1000 mL 容量瓶中，用水定容至刻度充分摇匀，此溶液即为含 $50\times10^{-4}\%$ 的磷基准溶液。吸取 50 mL 此溶液稀释至 500 mL，即为 $5\times10^{-4}\%$ 的磷标准溶液（现用现配，此溶液不能长期保存），比色时按标准曲线系列配置。

（4）7.5 mol/L 硫酸-钼锑储存液：取蒸馏水约 400 mL 放入 1000 mL 烧杯中，将烧杯浸在冷水内，然后缓缓注入分析纯浓硫酸 208.3 mL，并不断搅拌，冷却至室温。另取分析纯钼酸铵 20 g 溶于约 60 ℃ 的 200 mL 蒸馏水中，冷却。然后，将硫酸溶液徐徐倒入钼酸铵溶液中，不断搅拌，再加入 100 mL 0.5% 酒石酸锑钾溶液，用蒸馏水稀释至 1000 mL，摇匀，储存试剂瓶中。

（5）硫酸-钼锑抗混合显色剂：于 100 mL 硫酸-钼锑储存液中，加入 1.5 g 左旋（旋光度+21～+22）抗坏血酸，此试剂有效期 24 h，用前配置。

（三）所需仪器设备

表 4-14 为实验用仪器设备。

表 4-14　实验用仪器设备

仪器设备	规　格	数量/台（个）
三角瓶	250 mL	8 个×2 组
漏斗		4 个×2 组
容量瓶	50 mL	10 个×2 组
容量瓶	500 mL	1 个×2 组
烧杯	200 mL	1 个×2 组
定量滤纸		2 盒
分光光度计		1 台
往复振荡器		1 台

（四）实验操作及数据处理

（1）称取通过 20 目（0.85 mm）筛的风干固体样品 5 g（精确到 0.01 g）于

200 mL 三角瓶中 [须做平行样和平行空白（不加固体样品，其他操作相同），共 4 个样品]，加入 100 mL 0.5 mol/L 碳酸氢钠溶液，再加一角勺无磷活性炭，塞紧瓶塞，在振荡器上振荡 30 min 后，立即用无磷滤纸过滤，滤液承接于三角瓶中。

（2）吸取滤液 10 mL（磷含量高时吸取 2.5～5 mL，同时应补加 0.5 mol/L 碳酸氢钠溶液至 10 mL）于 50 mL 容量瓶中，加入 7.5 mol/L 硫酸-钼锑抗混合显色剂 5 mL，利用其中多余的硫酸中和碳酸氢钠，充分摇匀，排除二氧化碳（至瓶中无气泡）后加水定容至刻度，再充分摇匀（最后的硫酸浓度为 0.65 mol/L）。

（3）30 min 后在 721 型分光光度计上比色（波长 660 nm），比色同时须做空白测定。

（4）磷标准曲线绘制：分别吸取 $5 \times 10^{-4}\%$ 磷标准溶液 0 mL、1 mL、2 mL、3 mL、4 mL、5 mL 于 50 mL 容量瓶中，每一容量瓶中磷的浓度即为 0、$0.1 \times 10^{-4}\%$、$0.2 \times 10^{-4}\%$、$0.3 \times 10^{-4}\%$、$0.4 \times 10^{-4}\%$、$0.5 \times 10^{-4}\%$，再逐个加入 0.5 mol/L 碳酸氢钠 10 mL 和 7.5 mol/L 硫酸-钼锑抗混合显色剂 5 mL，充分摇匀，排除二氧化碳，显色 30 min 后，进行比色测定。

（5）实验结果计算公式如下：

$$磷的浓度 = \frac{磷的标准浓度 \times 比色体积 \times 分取倍数}{样品重 \times 10^3}(mg/100\ g) \qquad (4\text{-}26)$$

式中 磷的浓度——每百克样品中磷的毫克数；

　磷的标准浓度——从标准曲线上查得的磷的 ppm 数；

　　　　10^3——将微克换算成毫克；

　　　　100——换算成每百克样品中磷的毫克数。

（五）注意事项

（1）活性炭一定要洗至无磷无氯反应，否则不能应用。

（2）显色时硫酸-钼锑抗混合显色剂 5 mL，除中和 10 mL 0.5 mol/L 碳酸氢钠溶液外，最后硫酸浓度 $c\left(\frac{1}{2}H_2SO_4\right)=0.65$ mol/L。

（3）室温低于 20 ℃时，显色后的钼蓝则有沉淀产生，此时可将容量瓶放入 40～50 ℃的烘箱或热水中保温 20 min，稍冷 30 min 后比色。

实验十 固体废物碱解氮含量分析

（一）实验原理

用氢氧化钠水解固体样品，使有效态氮碱解转化为氨气状态，并不断地扩散逸出，由硼酸吸收，再用标准酸滴定，计算出水解性氮的含量。

（二）所需药品及配制方法

（1）1.8 mol/L 氢氧化钠溶液：称取化学纯氢氧化钠 72 g，用水溶解后冷却定容到 1 L。

（2）2%硼酸溶液：称取 20 g 硼酸用热蒸馏水（约 60 ℃）溶解，冷却后稀释至 1000 mL，最后用稀盐酸或稀氢氧化钠调节 pH 值至 4.5（定氮混合指示剂显淡红色）。

（3）1.0 mol/L 盐酸溶液 500 mL。

（4）0.01 mol/L 盐酸标准溶液：将配好的 1.0 mol/L 盐酸溶液稀释 100 倍（每次使用前现稀释）。

（5）标准碱 0.01 mol/L 氢氧化钠：学生配制。

（6）甲基橙指示剂。

（7）定氮混合指示剂：分别称取 0.1 g 甲基红和 0.5 g 溴钾酚绿指示剂，放入玛瑙研钵中，并用 100 mL 95%酒精研磨溶解，此溶液应该用稀盐酸或稀氢氧化钠调节 pH 值到 4.5。

（8）特制胶水：阿拉伯胶（称取 10 g 粉状阿拉伯胶，溶于 15 mL 蒸馏水中）10 份、甘油 10 份、饱和碳酸钾 5 份混合即成，最好放置在盛有浓硫酸的干燥器中以除去氨。

（9）硫酸亚铁（粉状）：将分析纯硫酸亚铁研磨，保存于阴凉干燥处。

（三）所需仪器设备

表 4-15 为实验用仪器设备。

表 4-15　实验用仪器设备

仪器设备	规　格	数量/台（个）
扩散皿		8 个×4 组
橡皮筋		4 根×8 组
恒温箱		1 台
酸式滴定管	半微量	1 个×2 组
酸式滴定管	25 mL	1 个×2 组
三角瓶	250 mL	2 个×2 组
容量瓶	500 mL	1 个×2 组

（四）实验操作及数据处理

（1）称取通过 60 目（0.25 mm）筛风干的固体样品 2 g（精确到 0.01 g）和 1 g 硫酸亚铁粉末，均匀铺在扩散皿外室内，水平地轻轻旋转扩散皿，使样品平铺。

（2）在扩散皿室中加入 2 mL 2%硼酸溶液，并加 1 滴定氮混合指示剂，然后在皿的外室边缘涂上特制胶水，盖上毛玻璃，旋转数次，以使毛玻璃与器皿边完全黏合（注意：不要弄到器皿内侧，以免影响测定结果），再慢慢转开毛玻璃的一边，使扩散皿露出一条狭缝，迅速加入 10 mL 1.8 mol/L 氢氧化钠溶液于皿的外室中，立即用毛玻璃盖严。

（3）水平地轻轻旋转扩散皿，使溶液与土壤充分混匀，用橡皮筋固定（注意：一定要密封好），随后放入 40 ℃的烘箱中，24 h 后取出，再以 0.01 mol/L 盐酸标准溶液用半微量滴定管滴定内室硼酸中所吸收的氮量（由蓝色滴到微红色）。

（4）用标准碱滴定盐酸溶液：吸取 25.00 mL NaOH 标准溶液于锥形瓶中，加入 2 滴甲基橙试液，溶液立即呈黄色。然后，把锥形瓶移到酸式滴定管下，左手调活塞逐滴加入盐酸，同时右手顺时针不断摇动锥形瓶，使溶液充分混合。随着盐酸逐滴加入，锥形瓶里 OH^- 浓度逐渐减小。最后，当看到加入 1 滴盐酸时，溶液变成橙红色，停止滴定，准确记下滴定管溶液液面的刻度，并准确求得滴定用去盐酸的体积。为保证测定的准确性，上述滴定操作应重复 2~3 次，并求出滴定用去盐酸体积的平均值。然后，根据有关计量关系，计算出待测的盐酸溶液的浓度 w。

（5）实验结果计算公式如下：

$$w = \frac{c \times V \times 14}{样品重} \times 100 \tag{4-27}$$

式中　c——标准盐酸的浓度，mol/L；

$\quad V$——滴定样品时用去盐酸体积，mL；

$\quad$ 14——N 原子的摩尔质量，g/mol；

$\quad$ 100——单位换算系数。

实验十一　固体废物浸出毒性（重金属）的鉴别

（一）实验原理

固体废物遇水浸沥，浸出的有害物质迁移转化，污染环境，这种危害特性称为浸出毒性。本方法以硝酸-硫酸混合液为浸提剂，模拟废物在不规范填埋处置、堆存或未经无害化处理后废物的土地利用时，其中的组分在酸性降水的影响下，从废物中浸出而进入环境的过程。

（二）所需药品及配制方法

（1）浸提剂：将体积比为 2∶1 的浓硫酸和浓硝酸混合液加到试剂水中（1 L 水约 2 滴混合液），使 pH 值为 3.20±0.05。

（2）1000 mL/L：Cu/Zn/Cd/Pb 的储备液。

（三）所需仪器设备

表 4-16 为实验用仪器设备。

表 4-16　实验用仪器设备

仪器设备	型　号	规　格	数量/台（个）
磨口三角瓶		1000 mL	4 个×2 组
塑料带盖方瓶		100 mL	4 个×8 组
中速定量滤纸		1 盒	
漏斗			4 个×8 组
振荡器			1 台
原子吸收分析仪			1 台

（四）实验操作及数据处理

称取 50 g 风干的固体样品，置于 1L 的带盖磨口三角瓶中，按照固液比为 1∶10（kg/L）加入 500 mL 浸提剂。盖紧瓶盖后固定在振荡器上，振荡 1~2 h。振荡初期可能会有气体释放，应适当打开瓶塞释放压力。振荡完毕后，用稀硝酸浸泡过的滤纸对混合液过滤，收集澄清液体，用原子吸收火焰分光光度法（或 ICP-AES）测试溶液中重金属 Cu、Zn（允许最高浓度为 100 mg/L）、Pb（允许最高浓度为 5 mg/L）、Cd（允许最高浓度为 1 mg/L）的浓度，做平行样品和空白对照。

（五）注意事项

为了降低空白值，应注意玻璃器皿的清洗和试剂的纯度。

实验十二　固体废物中含水率的测定

（一）实验目的

（1）了解固体废物含水率测定的方法及适用范围；

（2）掌握实验室测量固体废物含水率的方法——烘干法。

（二）实验器材

烘箱、干燥器、天平、烧杯、固体废物样本。

（三）实验步骤

（1）称量样本的初始质量：先称量烧杯的质量 m，取适量的固体废物样本置于烧杯中，称量烧杯加样本的质量 m_1。

（2）烘干：将盛有样本的烧杯放入烘箱中，在 $100 \sim 105\ ℃$ 下烘至恒重，取出置于干燥器中冷却。

（3）称量干燥后样本的质量：将冷却后的样本从干燥器中取出，称量烧杯加样本的质量 m_2，直到前后误差不大于 $0.01\ g$，即为恒重；否则，重复烘干、冷却和称量过程，直至恒重为止。

（4）利用下列公式计算出含水率：

$$W = [(m_1 - m)/(m_2 - m)] \times 100\% \qquad (4\text{-}28)$$

式中　W——固体废物的含水率，%；

m——空烧杯的质量，g；

m_1——干燥前烧杯与样本的质量之和，g；

m_2——经干燥恒重后，烧杯与样本的质量之和，g。

平行测定：每一样本必须做两次平行测定，取其结果的算术平均值。

（四）注意事项

（1）样本从烘箱取出后必须立刻放入干燥器中，冷却后再称量；否则，会吸收空气中的水分影响称量的准确度。

（2）样本必须烘干至恒重，否则会影响本实验测量的精度。

（五）思考题

（1）根据实验室测定的垃圾颗粒密度、垃圾的密度、含水率，如何计算干密度？

（2）干密度能够实测吗？

实验十三　有机肥腐熟度表征实验

（一）实验目的

腐熟度作为衡量堆肥产品的质量指标早已被提出，它的基本含义是通过微生物的作用，堆肥产品达到稳定化、无害化，不对环境产生不良影响。堆肥产品在使用期间，不能影响作物的生长和土壤的耕作能力。

本实验通过各种常用方法对堆肥的腐熟度进行判定，达到的实验目的有：

（1）了解评估堆肥腐熟度的各种方法、参数和指标；

（2）掌握常用的腐熟度分析方法。

（二）实验原理

所谓"腐熟度"是国际上公认的衡量堆肥反应进行程度的一种概念性参数。一般认为，作为一项生产性指示反应进程的控制标准，必须具有操作方便、反应直观、适应面广、技术可靠等特点。多年来，国内外许多研究人员对腐熟度进行过多种研究和探讨，提出了许多评价堆肥腐熟和稳定的指标和参数。

国内学者在总结国内外有关的研究工作基础上，主要从化学方法、生物活性、植物毒性分析等方面对堆肥腐熟、稳定及安全性的研究作了概述。表 4-17 是一些评估堆肥腐熟度的方法及其参数、指标或项目。

表 4-17　评价堆肥腐熟度的方法汇总

方法名称	参数、指标或项目
物理方法	（1）温度；（2）颜色；（3）气味；（4）密度
化学方法	（1）碳氮比（固相 C/N 和水溶态 C/N）； （2）氮化合物（NH_4^+-N，NO_3^--N，NO_2^--N）； （3）阳离子交换量（CEC）； （4）有机化合物（水溶性或可浸提有机碳、还原糖、脂类、纤维素、半纤维素、淀粉等）； （5）腐殖质（腐殖质指数、腐殖质总量和功能基团）
生物活性	（1）呼吸作用（耗氧速率、CO_2 生成速率）； （2）微生物种群和数量； （3）酶学分析
植物毒性分析	（1）种子发芽实验； （2）植物生长实验
安全性测试	致病微生物指标等

表 4-17 中列出的指标和参数在堆肥初始和腐熟后的含量或数值都有显著的变化，其定性的变化趋势很明显，如 C/N 降低、NH_4^+-N 减少和 NO_3^--N 增加、阳离子交换量升高、可生物降解的有机物减少、腐殖质增加、呼吸作用减弱等。

1. 物理方法

物理方法亦称表观分析法，根据外观、气味和温度等评价堆肥的稳定性。堆肥经微生物降解腐熟后，其表观特征为：外观呈茶褐色或暗灰色，无恶臭，具有土壤的霉味，不再吸引蚊蝇；产品呈现疏松的团粒结构，由于真菌的生长，其产品出现白色或灰白色菌丝。当微生物活动减弱时，热的生成率也相应下降，因而堆肥温度下降，一旦前期发酵的终点温度达到 45~50 ℃，且一周内持续不变，则可认为堆肥已完成一次发酵过程。

此法是凭经验观察堆肥的物理性状，可以作为定性的判定标准，难以进行定量分析。

2. 化学方法

化学方法的参数包括碳氮比、氮化合物、阳离子交换量、有机化合物和腐殖质五种。固相 C/N 是传统的最常用的堆肥腐熟评估方法之一。一般地，堆肥的固相 C/N 值从初始的（25~30）：1 或更高，降低到（15~20）：1 以下时，认为堆肥达到腐熟。氮化合物中，铵态氮（NH_4^+-N）、硝态氮（NO_3^--N）及亚硝态氮（NO_2^--N）的浓度变化，也是堆肥腐熟评估常用的参数。堆肥初期（NH_4^+-N）含量较高，堆肥结束时（NH_4^+-N）含量减少或消失；NO_3^--N 含量增加，数量最多，NO_2^--N 含量次之。阳离子交换量（CEC）能反映有机质降低的程度，是堆肥的腐殖化程度及新形成的有机质的重要指标，CEC 与 C/N 之间有很高的负相关性（$r=-0.903$），可作为评价腐熟度的参数。在堆肥过程中，堆料中的不稳定有机质分解转化为二氧化碳、水、矿物质和稳定化有机质，堆料的有机质含量变化显著。反映有机质变化的参数有化学耗氧量（COD_{Cr}）、生化需氧量（BOD_5）、挥发性固体（VS）、生物可降解物质（BDM）等。在堆肥过程中，原料中的有机质经微生物作用，在降解的同时还进行腐殖化过程。用 NaOH 提取的腐殖质（HS）可分为胡敏酸（HA）、富里酸（FA）及未腐殖化的组分（NHF）。堆肥开始时一般含有较高的非腐殖质成分、FA 和较低的 HA，随着堆肥过程的进行，前两者保持不变或稍有减少，而后者大量产生成为腐殖质的主要部分。

3. 生物活性法

反映堆肥腐熟和稳定情况的生物活性参数有：呼吸作用、微生物种群和数量以及酶学分析等。其中，较为普遍使用的是呼吸作用参数，即耗氧速率和 CO_2 生成速率。在堆肥中，好氧微生物的主要生命活动形式就是在分解有机物的同时消耗 O_2、产生 CO_2，研究表明，CO_2 生成速率与耗氧速率具有很好的相关性。耗氧速率［$mgO_2/$（g 挥发性物质·min）］和 CO_2 产生速率［$mgCO_2/$（g 挥发性物质·min）］标志着有机物分解的程度和堆肥反应的进行程度，以耗氧速率或 CO_2 产生速率作为腐熟度标准是符合生物学原理的。由于受堆肥原料本身的影响较小，耗氧速率作为腐熟度标准具有应用范围较广的特点，它不但可用于垃圾堆肥，也可用于污泥堆肥、污泥—垃圾混合堆肥等过程的腐熟度判断。一般认为，每分钟耗氧率在 0.02%~0.1%范围内为最佳。

4. 植物毒性分析法

通过种子发芽和植物生长实验可直观地表明堆肥腐熟情况，该实验是测定堆肥植物毒性的一种直接而快速的方法。植物在未腐熟的堆肥中生长受到抑制，而在腐熟的堆肥中生长得到促进。一般认为，堆肥的腐熟水平可由植物的生长量表示。未腐熟堆肥的植物毒性主要来自乙酸等低分子量有机酸和大量 NH_3、多酚等物质。厌氧条件下的堆肥极易生成大量有机酸，因此，良好的通风条件是促进堆肥腐熟的重要保证。

植物毒性可用发芽指数（GI）来评价，通过十字花科植物种子的发芽实验，根据其发芽率和根长按下式计算发芽指数。

$$GI = \frac{样品发芽数 \times 样品根长度}{对照发芽数 \times 对照根长度} \times 100\% \qquad\qquad (4\text{-}29)$$

Garcia 等人通过进行城市有机废物实验，根据堆肥的腐熟程度将堆肥过程分为三个阶段：

（1）抑制发芽阶段，一般在堆肥开始的第 1~13 天，此时堆肥对种子发芽几乎完全抑制。

（2）GI 迅速上升阶段，一般发生在堆肥后的 26~65 天，34 h 后，种子的发芽指数 GI = 30%~50%。

（3）GI 缓慢上升至稳定阶段，继续堆肥超过 65 天，GI 可上升到 90%。

（三）腐熟度的检测方法

测定堆肥的腐熟程度对于堆肥工艺的研究、设计、肥效评价、堆肥的质量管理各方面都是重要的。以下主要介绍淀粉测定法、氮素实验法、生物可降解度的测定和耗氧速率法。

1. 淀粉测定法

淀粉与碘可形成络合物，利用反应的颜色变化来判断堆肥的降解程度。当堆肥降解尚未结束时，堆肥物料中的淀粉未完全分解，遇碘形成的络合物呈蓝色；堆肥完全腐熟时，物料中的淀粉已全部降解，加碘呈黄色，堆肥进程中的颜色变化过程是深蓝→浅蓝→灰→绿→黄。

2. 氮素实验法

完全腐熟的堆肥含有硝酸盐、亚硝酸盐和少量氨，未腐熟时则含大量氨而不含硝酸盐。根据这一特点，利用碘化钾溶液遇痕量氨呈黄色、遇过量氨呈棕褐色，Griess 试剂（苯和醋酸的混合液）和亚硝酸盐反应呈红色等现象，分别定性测试堆肥样品中是否含有氨和亚硝酸盐，来判定堆肥是否腐熟。

此法的测定过程是：

（1）将少量堆肥样品置于器皿中，徐徐加入蒸馏水并用角匙充分搅拌，同时用角匙试压固态试样表面，当有少量的水渗出时就停止加水。

（2）将直径为 9 cm 的滤纸裁成两半，置于一块玻璃板或塑料板上，在这两张半圆的滤纸上再放上一张未被裁开的相同直径的滤纸。

（3）在滤纸上面覆一外径为 8 cm 的塑料环，在环内装满潮湿的试样，用角匙压实试样使其能够湿透滤纸。

（4）将塑料环和试样及其下面的滤纸一起拿掉，试样浸液透过上层滤纸清晰地呈现在两张半圆的滤纸上。

（5）取市售的纳氏试剂（主要为碘化钾溶液）数滴，滴于半张滤纸上，若出现棕褐色则表明堆肥尚未完全腐熟，即可停止实验。

（6）若出现黄色或淡黄色，表明堆肥中有少量氨存在，则取另外半张滤纸，在其上滴数滴 Griess 试剂，如果滤纸呈现红色，说明存在亚硝酸盐；若不显红色，接着在滤纸表面撒上少量还原剂（150 ℃烘干的 $BaSO_4$ 95 g、锌粉 5 g，$MnSO_4 \cdot H_2O$ 12 g 的混合物），如果不久滤纸出现红色，说明存在硝酸盐，表明堆肥已完全腐熟。

该实验所用试剂有：（1）纳氏试剂；（2）苯；（3）醋酸；（4）锌粉；（5）硫酸钡；（6）硫酸锰。

3. 生物可降解度的测定

本方法是一种以化学手段估算生物可降解度的间接测定方法，具体见本书实验二。

4. 耗氧速率法

在高温好氧堆肥中，通过好氧微生物在有氧的条件下分解有机物的过程，可使堆肥物质逐渐稳定腐熟，此生物化学过程中，O_2 的消耗速率和 CO_2 的生成速率可以反映堆肥的腐熟程度。通过测氧枪和微型吸气泵将堆层中的气体抽吸至 O_2-CO_2 测定仪，由仪器自动显示堆层中 O_2 或 CO_2 浓度在单位时间内的变化值，以便了解堆肥物料的发酵程度和腐熟情况。为提高测定的准确性，可同时对堆层的不同深度、不同位置进行测定。

本法测试中使用的测氧枪由金属锥头和镀锌自来水管组成。测氧枪可制成多个（1~3 个）气室，这样用一支测氧枪可采集多个位点的试样。此外，在测试中也可将热敏电阻插头装入枪内，在采集气体同时测得温度。气体测定时必须注意残留在测氧枪中气体量的影响，残留气体量可根据测氧枪气室和金属细管容积，以及乳胶管的长度和内径求得。在采集下一次的测定试样时，应先将这部分残留气体抽出。

5. 发芽实验

将有机堆肥的干样样品与去离子水按 1∶10（质量浓度）比例混合振荡 2 h，浸提液在 5000 r/min 下离心分离 20 min，上清液经滤纸过滤后待用。将一张滤纸置于干净无菌的 9 cm 培养皿中，在滤纸上均匀摆放 20 粒阳春大白菜种子，吸取 5 mL 浸提液的滤液于培养皿中，在 25 ℃暗箱中培养 48 h，计算发芽率并测定根长，然后计算种子的发芽指数。每个样品做 2 个重复实验，并同时用去离子水作空白对照。发芽指数 GI（germination index）由式（4-29）计算。

（四）实验步骤

将实验八中制取的不同堆制时间（第 3 天、第 5 天、第 10 天、第 15 天、第 20 天和第 30 天）的有机堆肥作为样品进行实验。

（1）通过表观分析法，描述外观、气味和温度来评价堆肥的稳定性。

（2）通过化学检测的方法，判定腐熟度，可采用的方法有：淀粉测定法、氮素实验法、生物可降解度的测定和耗氧速率法。

（3）植物毒性分析，通过种子发芽实验来判定腐熟程度。

（五）实验结果

实验测得各数据以及相关表征，可参照表4-18和表4-19记录。

表4-18　有机肥腐熟度表征实验记录

实验日期　　　　年　　月　　　日

堆肥时间/天	表观分析	化学检测			
		淀粉测定法	氮素实验法	生物可降解度	耗氧速率
3					
5					
10					
15					
20					
30					

表4-19　种子发芽实验结果记录

实验日期　　　　年　　月　　　日

堆肥时间/天	样品发芽数	样品根长度	对照发芽数	对照根长度	发芽指数 GI
3					
5					
10					
15					
20					
30					

（六）实验结果讨论

（1）比较各种表征方法的表征效果如何，哪种方法可信度更高？

（2）根据实验结果，判定实验使用的堆肥达到完全腐熟所需的时间大概是多少？

（3）总结每种化学检测方法的操作注意事项。

实验十四　固体废物吸水率、抗压强度和颗粒容重的测定实验

（一）实验目的

（1）了解固体废物吸水率、抗压强度和颗粒容重的基本意义；

（2）掌握固体废物吸水率、抗压强度和颗粒容重的测定方法和原理。

（二）实验原理

固体废物的吸水率是指材料试样放在蒸馏水中，在规定的温度和时间内吸水质量和试样原质量之比。吸水率可用来反映材料的显气孔率。

固体废物的密度可以分为体积密度、真密度等。体积密度是指不含游离水材料的质量与材料的总体积之比，材料质量与材料实体积之比值称为真密度。密度的测定是基于阿基米德原理。

固体废物的机械强度是指固体废物抗破碎的阻力。通常用静载下测定的抗压强度、抗拉强度、抗剪强度和抗弯强度来表示，抗压强度是最常用的固体废物的机械强度表示方法。

（三）实验设备与试剂

（1）恒温干燥箱；

（2）天平；

（3）游标卡尺；

（4）容积密度瓶；

（5）标准筛 1 个；

（6）干燥器 1 个；

（7）研钵 1 个；

（8）万能实验材料测试机 1 台；

（9）实验试剂为蒸馏水。

（四）实验步骤

1. 吸水率的测试

根据国家标准 GB/T 17431.1—1998 和 GB/T 17431.2—1998 测试烧成固体废物样品的吸水率，具体如下：将固体废物放在（110±5）℃的烘箱中干燥至恒重后，放在有硅胶或其他干燥剂的干燥器内冷却至室温。称量和记录固体废物的干燥质量（m_0），精确至 0.01 g。然后将样品放入盛水的容器中，如有颗粒漂浮在水面上，必须设法将其压入水中。样品浸水 1 h 后，将样品倒入 5.00 mm 的筛子中，滤水 1~2 min；然后倒在拧干的湿毛巾上，用手抓住毛巾两端使其成槽形，让固体废物在毛巾上往返滚动 4 次后，将固体废物取出称重，质量为 m。

固体废物的 1 h 吸水率 W 按以下公式计算：

$$W = \frac{m - m_0}{m_0} \times 100\%$$
（4-30）

式中　W——固体废物的 1 h 吸水率，%，计算精确到 0.01%；

　　　m_0——烘干前试样的质量，g；

　　　m——浸水后试样的质量，g。

2. 抗压强度的测试

按照国家标准 GB/T 4740—1999 在 WE-50 型液压式万能实验机上测试烧成固体废物样品的抗压强度，具体步骤如下：

（1）将样品制成直径（20±2）mm、高（20±2）mm 的试样；

（2）将试样置于温度为 110 ℃的烘箱中，烘干 2 h，然后放入干燥器，冷却至室温；

（3）测量并记录每块试样的直径和高度，精确至 0.1 mm；

（4）将试样放入实验机压板中心，并在试样两个受压面衬垫 1 mm 厚的草纸板；

（5）选择适当的量程，以 $2×10^2$ N/s 的速度均匀加载直至试样破碎（以测力指针倒转时为准），记录实验机指示的最大载荷。

样品的抗压强度极限按下式计算：

$$\sigma_c = \frac{4p}{\pi D^2} \qquad (4\text{-}31)$$

式中　σ_c——抗压强度，MPa，精确至 0.01 MPa；

　　　p——试样受压破碎的最大载荷，N；

　　　D——试样直径，mm。

3. 颗粒容重测试

按照 GB 2842—81 测试烧成固体废物样品的颗粒容重。取适量样品，放入量筒中浸水 1 h，然后取出（可采用测完 1 h 吸水率的试样进行测定），称重 m。将试样倒入 100 mL 的量筒里，再注入 50 mL 清水。如有试样漂浮水上，可用已知体积（V_1）的圆形金属板压入水中，读出量筒的水位（V）。

固体废物的颗粒容重计算公式如下：

$$\gamma_k = \frac{m \times 1000}{V - V_1 - 50} \qquad (4\text{-}32)$$

式中　γ_k——固体废物颗粒的容重，kg/m^3，计算精确至 10 kg/m^3；

　　　m——试样质量，g；

　　　V_1——圆形金属板的体积，mL；

　　　V——倒入试样和放入压板后量筒的水位，mL。

根据上面的公式计算固体废物的吸水率、抗压强度和颗粒容重。

（五）思考题

（1）固体废物的性质对破碎处理有何影响？

（2）固体废物的哪些结构特征对其抗压强度产生影响？

（3）固体废物的吸水率、抗压强度和颗粒容重，三者之间有何联系？

实验十五　固体废物反应性鉴别实验

（一）实验概述

1. 固体废物的反应性

固体废物的反应性常指固体废物在常温、常压下不稳定或外界条件发生变化时发生剧烈变化，以致产生爆炸或放出有毒有害气体的现象。如果一种废物具有下列性质之一，则可视为反应性的废物。

（1）通常情况下不稳定，极易发生剧烈的化学变化；

（2）与水猛烈反应，形成可爆炸性的混合物或产生有毒的气体、臭气；

（3）含有氰化物或硫化物，可产生有毒气体、蒸气或烟雾；

（4）在常温常压下即可发生爆炸反应，或在加热或引发时可爆炸；

（5）其他新规定的爆炸品或按照规定的试验可以着火、分解、对热或冲击有不稳定性。

2. 废物反应性的测定方法

废物反应性的测定方法包括：

（1）撞击感度测定；

（2）摩擦感度测定；

（3）差热分析测定；

（4）爆发点测定等。

（二）撞击感度测定法

1. 实验目的

确定样品对机械撞击作用的敏感程度。

2. 实验原理

撞击感度法的测定指标是撞击感度值。撞击感度值的测定方法是：使一定量的样品，受一定质量的落锤或自一定高度自由落下的一次冲击作用后，观察其是否发生爆炸、燃烧和分解，并测定其爆炸的百分数（即撞击感度值）。

3. 实验仪器

（1）立式落锤仪；

（2）撞击装置（包括击柱套、击柱及底座）。

4. 实验步骤

（1）试验前，须将撞击装置用汽油、丙酮洗涤干净，并用清洁细纱布或绸布擦干。

（2）实验条件：落锤重（10000±10）g，落高（250±1）mm，样品（0.050±0.002）g。取出上击柱，将称量好的样品倒入击柱套内，连同底座在装配台上适当转动几圈，让样品均匀地分布在击柱面上。然后放入上击柱，让它借助本身的重力徐徐下落至接触面。将装好的样品撞击装置，在上述试验条件下逐个放在落锤下进行撞击试验，反复测定 25 次。观察有无分解、燃烧、爆炸现象发生，这里的分解是指变色，有气味，有气体产生现象；燃烧和爆炸是指冒烟，有痕迹，有声响现象。

（3）一组试验的爆炸百分数按下式计算：

$$P = (X/25) \times 100\% \tag{4-33}$$

式中　P——爆炸百分数；

　　　X——25 次试验中，分解、燃烧、爆炸的总次数。

当两组测定结果平行时，以它们的算术平均值作为该样品的撞击感度值。

5. 实验说明

（1）试验前，样品应进行干燥处理。可在 40～50 ℃下恒温 4 h 或在 50～60 ℃下恒温 2 h，烘好的样品放入干燥器中冷却 1～2 h 后方可使用。必要时样品应先过筛处理。

（2）用标准试样对仪器标定，合格后方可进行样品测定。标定时，若锤重 10 kg，落高 25 cm，则用标准特屈儿标定，其爆炸百分数为 48%±8%。若锤重 5 kg，落高 25 cm，则应该用标准黑索今标定仪器，其爆炸百分数为 48%±8%。

（3）10 kg 落锤条件下测定结果，100% 的样品可在落锤重（2000±2）g、落高（250±1）mm、样品量（0.030±0.001）g 的条件下测定。

（三）摩擦感度测定法

1. 实验目的

测定样品对摩擦作用的敏感程度。

2. 实验原理

将一定量的样品夹在试验装置的两个滑柱端面之间，并沿上滑柱的轴线方向加一定压力。当上滑柱受到摆锤从某一摆角释放侧击力的作用时，将相当于受压的样品滑移。观察样品受摩擦作用后是否爆炸、燃烧和分解，在一定试验条件下样品的发火率即为摩擦感度的标志指标。

3. 实验仪器

摆式摩擦仪及摩擦装置（包括滑柱及滑柱套）。

4. 实验步骤

（1）试验前，须将撞击装置用汽油、丙酮洗涤干净，并用清洁细纱布或绸布擦干。

（2）试验条件：摆角 $\dfrac{\pi}{2}$ rad，表压 4 MPa，样品（0.020±0.001）g。先取出

上滑柱，然后将称好的样品均匀地分布在整个滑柱面上，可在放入滑柱后轻轻转动上滑柱 1~2 圈。将装好的摩擦装置，逐次放入摩擦仪的爆炸室内，观察样品有无分解、燃烧和爆炸等现象发生，反复测定 25 次。试验完毕，及时将摩擦装置洗干净。

5. 实验数据处理

（1）试验的爆炸百分数按 $P = (X/25) \times 100\%$ 计算；

（2）当两组测定结果平行时，以其算术平均值作为该试样在所选试验条件下的摩擦感度值。

6. 实验说明

（1）试验前，样品应进行干燥处理。可在 40~50 ℃下恒温 4 h，或在 50~60 ℃下恒温 2 h，烘好的样品放入干燥器中冷却 1~2 h 后方可使用。必要时，样品应先过筛处理。

（2）仪器标定合格后方可进行样品测定。

（四）　差热分析测定方法

1. 实验目的

确定样品的热不稳定性。

2. 实验原理

当样品与参比物质以同一升温速率加热时，在记录仪上记录具有吸热或放热的温度-时间曲线。

3. 实验仪器

差热分析仪。

4. 实验步骤

将被测样品（5~25 mg）及参比样品（Al_2O_3 等）分别放入相同的坩埚内，将热电偶测量头与坩埚接触后，选择合适的升温速率及差热量程。仪器预热及调零后，加热炉将以某一恒定的温度升温，由于热电偶与自动记录仪相连，所以样品受热后分解的情况可从记录的温度-时间曲线得到。具体操作方法见各种差热分析仪器说明书。

5. 实验数据处理

通过样品的热分析曲线，可以了解样品受热分解的全过程。由温度-时间曲线的峰温、峰形等判断样品的热不稳定性，试验结果应给出最低放热温度和最高峰值。

6. 实验说明

差热分析法具有分析速度快、灵敏度高等优点，应注意以下几点：

（1）试验条件的确定：比较样品的热不稳定性时，必须在升温速率、样品粒度、样品质量等完全一致的条件下进行。

（2）由于差热分析使用的样品质量较少，所以更应注意所取样品的代表性。

（3）差热试验可同热失重试验同时进行，两者相互比较，则可得到较可靠的结论。

（五）爆发点测定方法

1. 实验目的

确定样品在浸入伍德合金浴 5 s 后爆炸、点燃和分解的温度。

2. 实验原理

爆发点测定方法的实质是测定样品对热作用的敏感度。从样品开始受热到爆炸有一段时间，这段时间叫延滞期。采用 5 s 延滞期的爆发点比较样品的热感度。

3. 实验仪器

爆发点测定仪。

4. 实验步骤

（1）将样品（25 mg）放入铜管壳中，然后将铜管壳投入伍德合金浴中。在不同的浴温下进行实验，记录在每个温度下爆炸前延滞的时间。

（2）试验温度由高至低，在每个测定温度处于恒温下进行试验，浴温一直降到爆炸、点燃，不发生明显的分解为止。

（3）浴温的范围为 125~400 ℃。如果在 360 ℃、5 min 不发生爆炸，样品就可以从伍德合金浴中取出。

5. 实验数据处理

以横坐标表示介质的温度 t（℃）、以纵坐标表示延滞期 T（s），作图可求得 5 s 延滞期爆发点。

6. 实验说明

（1）试验给出了使样品的爆炸接近环境温度的测定方法，所以提供了热不稳定性的又一测定指标。

（2）该法在确定样品的反应性时，带有一定的主观性。

（六）实验讨论

（1）废物反应性测定方法有哪些，各测定方法的要点是什么？

（2）如何确定试样的撞击感度值、摩擦感度值和延滞期爆发点？

实验十六　　固体废物腐蚀性鉴别实验

（一）实验目的和意义

腐蚀性废物会腐蚀损伤接触部位的生物细胞组织，也会腐蚀盛装容器造成泄漏，从而引起危害和污染。本试验的目的在于用 pH 值玻璃电极法（pH 值的测定范围为 0~14）测定废物的 pH 值，以鉴别其腐蚀性。本试验方法适用于固态、半固态、固态废物的浸出液和高浓度液体 pH 值的测定。

（二）实验方法

测定方法有两种：一种是测定 pH 值，另一种是测定在 55.7 ℃ 以下对钢制品的腐蚀率，这里只介绍 pH 值的测定。

（三）实验原理

用玻璃电极为指示电极，饱和甘汞电极为参比电极组成电池。在 25 ℃ 条件下，氢离子活度将变化 10 倍，使电动势偏移 59.15 mV。许多 pH 值计上有温度补偿装置，可以校正温度的差异。为了提高测定的准确度，校正仪器选用的标准缓冲溶液的 pH 值应与试样的 pH 值接近。消除干扰方法如下：

（1）当废物浸出液的 pH 值大于 10 时，钠差效应对测定有干扰，宜用低（消除）钠差电极，或者用与浸出液的 pH 值接近的标准缓冲溶液对仪器进行校正。

（2）电极表面被油脂或者粒状物质玷污会影响电极的测定，可用洗涤剂清洗，或用（1+1）的盐酸溶液除尽残留物，然后用蒸馏水冲洗干净。

（3）由于在不同温度下电极的电势输出不同，温度变化也会影响到样品的 pH 值，因此必须进行温度补偿。温度计与电极应同时插入待测溶液中，在实验测定的 pH 值时同时报告测定时的温度。

（四）实验仪器及材料

（1）混合容器：容积为 2 L 带封闭塞的高压聚乙烯瓶。

（2）振荡器：往复式水平振荡器。

（3）过滤装置：市售成套过滤器，纤维滤膜孔径为 0.45 μm。

（4）蒸馏水或者去离子水。

（5）pH 值计：各种型号的 pH 值计或离子活度计，精度±0.02pH 值。

（6）玻璃电极：消除钠差电极。

（7）参比电极：甘汞电极、银/氯化银电极或者其他具有固定电势的参比电极。

（8）磁力搅拌器，用聚四氟乙烯或者聚乙烯等塑料包裹的搅拌棒。

（9）温度计或有自动补偿功能的温度敏感元件。

（10）试剂：一级标准缓冲剂的盐，在很高准确度的场合下使用。由这些盐制备的缓冲溶液需用低电导的、不含二氧化碳的水，而且这些溶液至少每月更换一次；二级标准缓冲溶液，可用国家认可的标准 pH 值缓冲溶液，用低电导率（低于 2 μS/cm）并除去二氧化碳的水配制。

（五）实验步骤

1. 浸出液的准备

（1）称取 100 g 样品（以干基计，固体试样风干、磨碎后应能通过孔径

5 mm 的筛孔）置于浸取用的混合容器中，加水 1 L（包括试样的含水量）。

（2）将浸取用的混合容器垂直固定在振荡器上，振荡频率调节为（110±10）次/min，振幅为 40 mm，在室温下振荡 8 h，静置 16 h。

（3）通过过滤装置分离固液相，滤后立即测定滤液的 pH 值。如果固体废物中固体的含量小于 0.5%，则不经过浸出步骤，直接测定溶液的 pH 值。

2. pH 值的测定方法

（1）按仪器的使用说明书做好测定前的准备。

（2）如果样品和缓冲溶液的温差大于 2 ℃，测量的 pH 值必须校正。可通过仪器带有的自动或手动补偿装置进行，也可预先将样品和标准溶液在室温下平衡达到同一温度，记录测定的结果。

（3）宜选用与样品的 pH 值相差不超过 2 个 pH 值单位的两种溶液（两者相差 3 个 pH 值单位）校准仪器。用第一种标准溶液定位后，取出电极，彻底洗干净，并用滤纸吸去水分，再浸入第二种标准溶液进行校核。校核值应在标准的允许范围内，否则就应该检查仪器、电极或校准溶液是否有问题。当校核无问题时，方可测定样品。

（4）如果现场测定含水量高、呈流态状的稀泥或浆状物料（如稀泥、薄浆等）的 pH 值，则电极可直接插入样品，其深度适当并可移动，保证有足够的样品通过电极的敏感元件。

（5）对黏稠状物料应先离心或过滤后，测其溶液的 pH 值。

（6）对粉、粒、块状物料，取其浸出液进行测定。将样品或标准溶液倾倒入清洁烧杯中，其液面应高于电极的敏感元件，放入搅拌子，将清洁干净的电极插入烧杯中，以缓和、固定的速率搅拌或摇动使其均匀，待读数稳定后记录 pH 值。重复测定 2~3 次，直到其 pH 值变化小于 0.1 个 pH 值单位。

（六）数据处理

（1）每个样品至少做 3 个平行试验，其标准差不超过 0.15 个 pH 值单位，取算数平均值作为试验结果。

（2）当标准差超过规定范围时，必须分析原因。

（3）此外，还应说明环境温度、样品来源、粒度级配、试验过程中的异常现象，特殊情况下试验条件的改变及原因等。

（七）注意事项

（1）可用复合电极。新的、长期未使用的复合电极或玻璃电极在使用前应在蒸馏水中浸泡 24 h 以上。用毕冲洗干净，浸泡在水中。

（2）甘汞电极的饱和氯化钾液面必须高于汞体，并有适量氯化钾晶体存在，以保证氯化钾溶液的饱和。使用前必须先拔掉上孔胶塞。

（3）每次测定样品之前应充分洗涤电极，并用滤纸吸去水分，或用样品冲洗电极。

（八）讨论

（1）pH 值及进行溶液 pH 值测量的过程中，有哪些因素会影响测量结果，可以采取哪些措施来减少或消除试验误差？

（2）如果固体废物中的固体含量小于 0.5% 时，如何鉴别其腐蚀性？

实验十七　材料密度、空隙率及吸水率的测定

（一）实验目的和意义

材料的密度是材料最基本的属性之一，也是进行其他物性测试（如颗粒粒径测试）的基础数据。材料的孔隙率、吸水率是材料结构特征的标志。在材料研究中，孔隙率、吸水率的测定是对产品质量检定的最常用方法之一。材料的密度，可以分为体积密度、真密度等。体积密度是指不含游离水材料的质量与材料的总体积（包括材料的实体积和全部孔隙所占的体积）之比；材料质量与材料实体积（不包括存在于材料内部的封闭气孔）之比，则称为真密度。孔隙率是指材料中气孔体积与材料总体积之比。吸水率是指材料试样放在蒸馏水中，在规定的温度和时间内吸水质量和试样原质量之比。由于吸水率与开口孔隙率成正比，在科研和生产实际中往往采用吸水率反映材料的显气孔率。因此，无论是在陶瓷材料、耐火材料、塑料、复合材料以及废物复合材料等材料的研究和生产中，测定这三个指标对材料性能的控制有重要意义。通过本实验达到以下要求。

（1）了解体积密度、孔隙率、吸水率等概念的物理意义；

（2）了解测定材料体积密度、密度（真密度）的测定原理和测定方法；

（3）通过测定体积密度、密度（真密度），掌握材料孔隙率和吸水率的计算方法。

（二）实验方法

参考 GB 9966.3—88 天然饰面石材体积密度、真密度、真气孔率、吸水率试验方法。

（三）实验原理

材料的孔隙率、吸水率的计算都是基于密度的测定，而密度的测定则是基于阿基米德原理。由阿基米德原理可知，浸在液体中的任何物体都要受到浮力（即液体的静压力）的作用，浮力的大小等于该物体排开液体的重量。重量是一种重力的值，但在使用根据杠杆原理设计制造的天平进行衡量时，对物体重量的测定已归结为对其质量的测定。因此，阿基米德定律可用下式表示：

$$m_1 - m_2 = VD_L \tag{4-34}$$

式中　m_1——在空气中称量物体时所得的质量；

　　　m_2——在液体中称量物体时所得的质量；

　　　V——物体的体积；

　　　D_L——液体的密度。

这样，物体的体积就可以通过将物体浸于已知密度的液体中，通过测定其质量的方法来求得。在工程测量中，往往忽略空气浮力的影响。在此前提下进一步推导，可得到用称量法测定物体密度时的原理公式如下：

$$D = m_1 D_L / (m_1 - m_2) \tag{4-35}$$

这样，只要测出有关量并代入上式，就可计算出待测物体在温度 t ℃时的密度。实验中的真密度测定是基于粉末密度瓶浸液法来测定的。其原理是：将样品制成粉末，并将粉样浸入对其润湿而不溶解的浸液中，用抽真空或加热煮沸排除气泡，求出粉末试样从已知容量的容器中排出已知密度的液体，从而得出所测粉末的真密度。

（四）实验仪器

（1）恒温干燥箱：由室温到 200 ℃；

（2）天平：最大称量 1000 g、感量 10 mg，最大称量 100 g、感量 1 mg 各 1 个；

（3）游标卡尺 1 把；

（4）容积 25~30 mL 密度瓶 1 个；

（5）240 目（40 μm）标准筛 1 个；

（6）干燥器 1 个；

（7）研钵 1 个；

（8）实验试剂蒸馏水。

（五）实验步骤

1. 试样制备阶段

（1）体积密度试样，试样尺寸为 50 mm 立方体 5 块。

（2）密度试样，选择 1000 g 左右试样，将表面清扫干净，并粉碎到颗粒小于 5 mm，以四分法缩分到 150 g；再用瓷研钵研磨成粉末并通过 240 目（40 μm）标准筛，将粉样装入称量瓶中，放入（105±2）℃烘箱内干燥 4 h 以上，取出稍冷后，放入干燥器内冷却到室温。

2. 体积密度测定

（1）将试样用刷子清扫干净放入（105±2）℃烘箱中干燥 2 h，取出，冷却到室温，称其质量（m_0），精确到 0.02 g。

（2）将试样放入室温的蒸馏水中，浸泡 48 h 后取出，用拧干的湿毛巾擦去表面水分，并立即称量质量（m_1），精确到 0.02 g；接着把试样挂在网篮中，将网篮与试样浸入室温的蒸馏水中，称量其在水中的质量（m_2），精确到 0.02 g。称量 m_2 装置如图 4-3 所示。

3. 密度测定

称取试样 3 份，每份 10 g（m_0'），将试样分别装入洁净的密度瓶内，并倒入蒸馏水。倒入的蒸馏水不超过密度瓶体积的一半，将密度瓶放入蒸馏水中煮沸 10~15 min，使试样中气泡排除，或将密度瓶放在真空干燥器内排除气泡。气泡排除后，擦干密度瓶，冷却到室温，用蒸馏水装满至标记处，称量质量（m_2'）。再将密度瓶冲洗干净，用蒸馏水装满至标记处，并称质量（m_1'）、m_0'、m_1'、m_2'，精确到 0.002 g。李氏密度瓶示意图如图 4-4 所示。

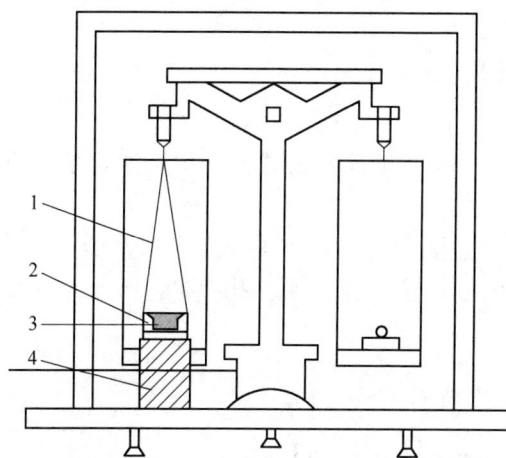

图 4-3 称量 m_2 装置的示意图
1—稀疏的网篮；2—烧杯；3—试样；4—支架

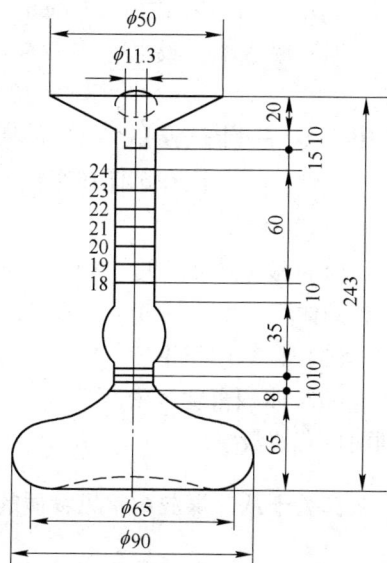

图 4-4 李氏密度瓶示意图
（单位：mm）

4. 实验结果分析和计算

（1）体积密度：体积密度 ρ_b（g/cm³）按下式计算。

$$\rho_b = \rho_w \times m_0/(m_1 - m_2) \tag{4-36}$$

式中　m_0——干燥试样在空气中的质量，g；

m_1——水饱和试样在空气中的质量，g；

m_2——水饱和试样在水中的质量，g；

ρ_w——试验时室温水的密度，g/cm³。

（2）密度 ρ_τ（g/cm^3）按下式计算。

$$\rho_\tau = \rho_w \times m_0'/(m_1' + m_0' - m_2') \qquad (4\text{-}37)$$

式中 m_0'——干粉试样在空气中的质量，g；

m_1'——只装蒸馏水的密度瓶的质量，g；

m_2'——装粉样加水的密度瓶质量，g；

ρ_w——试验时室温水的密度，g/cm^3。

（3）孔隙率：根据测定所得的体积密度和密度，孔隙率以 ρ_a（%）按下式计算。

$$\rho_a = (1 - \rho_b/\rho_\tau) \times 100\% \qquad (4\text{-}38)$$

式中 ρ_b——试样的体积密度，g/cm^3；

ρ_τ——试样的密度，g/cm^3。

（4）吸水率：吸水率 W_a（%）按下式计算。

$$W_a = 100\% \times (m_1 - m_0)/m_0 \qquad (4\text{-}39)$$

式中 m_0——干试样在空气中的质量，g；

m_1——水饱和试样在空气中的质量，g。

（六）讨论

（1）根据体积密度、密度、吸水率、孔隙率计算公式，分别用测定值计算材料的体积密度、密度、吸水率、孔隙率。

（2）计算体积密度、密度、吸水率、孔隙率的平均值最大值与最小值。

（3）体积密度、密度计算结果保留到三位有效数字，孔隙率、吸水率计算到两位有效数字。

实验十八 煤灰中常见物质的测定方法

（一）二氧化硅的测定（动物胶凝聚重量法）

1. 实验要点

煤灰样加氢氧化钠熔融，用沸水浸取，盐酸酸化，蒸发至干燥。在盐酸介质中用动物胶凝聚硅酸，沉淀过滤，灼烧，称重。

2. 试剂

（1）氢氧化钠（GB 629—77）分析纯，粒状。

（2）盐酸（GB 622—77）分析纯，配成 1∶1 和 2% 的水溶液。

（3）1% 动物胶水溶液，称取动物胶 1 g 溶于 100 mL 70~80 ℃的水中，现用现配。

（4）硝酸银（GB 670—77）分析纯，1% 水溶液，加几滴硝酸（GB 626—78），储于棕色瓶中。

（5）95%乙醇（GB 679—65）分析纯。

3. 测定步骤

（1）称取煤灰样（0.50±0.02）g（准确至0.0002g）于30 mL银坩埚中，用几滴乙醇润湿，加氢氧化钠4 g，盖上盖，放入箱形电炉中。由室温缓慢升温至650~700 ℃时，熔融15~20 min，取出坩埚，稍冷，擦净坩埚外壁，平放于250 mL烧杯中，加1 mL乙醇及适量的沸水，盖上表面皿。待剧烈反应停止后，以少量1∶1盐酸和热水冲洗表面皿、坩埚及坩埚盖，再加盐酸20 mL，搅匀。

（2）将烧杯置于电热板上，慢慢蒸干（带黄色盐粒），取下，稍冷，加盐酸20 mL，盖上表面皿。加热至约80 ℃，加入1%动物胶溶液（70~80 ℃）10 mL，剧烈搅拌1 min，保温10 min，取下，稍冷，加热水约50 mL，搅拌，使盐类完全溶解。用中速定量滤纸过滤于250 mL容量瓶中，将沉淀先用1∶3的盐酸洗涤7~8次，再用带橡皮头的玻璃棒以2%热盐酸擦净杯壁及玻璃棒，并洗涤沉淀3~5次，再用热水洗至无氯离子（用1%硝酸银溶液检验）。

（3）将滤纸和沉淀移于已恒重的瓷坩埚中，先在电炉上以低温烤干，再升高温度使滤纸充分灰化。然后于（1000±20）℃的高温炉内灼烧1 h，取出稍冷，放入干燥器内，冷至室温，称重。

（4）将（2）中的滤液冷至室温，用水稀释至刻度，摇匀，命名滤液为A，用作测定其他项目之用。

4. 实验结果计算和允许误差

（1）二氧化硅含量（%）按下式计算：

$$w(SiO_2) = \frac{G_1}{G} \times 100\% \tag{4-40}$$

式中　G_1——二氧化硅沉淀质量，g；

　　　G——分析煤灰样质量，g。

（2）二氧化硅的允许误差如下：

含量/%	重复性/%	再现性/%
≤60	0.5	0.8
>60	0.6	1.0

（二）氧化铁的测定（EDTA容量法）

1. 实验要点

在pH值为1.8~2.0的条件下，以磺基水杨酸为指示剂，用EDTA标准溶液滴定。

2. 试剂

（1）磺基水杨酸分析纯，10%水溶液。

（2）氨水（GB 631—77）分析纯，配成 1：1 溶液。

（3）盐酸（GB 622—77）分析纯，配成 2 mol/L 水溶液。

（4）铁的标准溶液 1 mL 相当于氧化铁 1 mg。准确称取预先在 900 ℃灼烧 0.5 h 的优级纯三氧化二铁 1g 于 250 mL 烧杯中，加优级纯盐酸（GB 622—77）20 mL，盖上表面皿，加热溶解，冷至室温，移入 1000 mL 容量瓶中，用水稀释至刻度，摇匀。

（5）EDTA 二钠盐标准溶液 0.005 mol/L，称取分析纯乙二胺四乙酸二钠 ［$C_{10}H_{14}N_2O_8Na_2 \cdot 2H_2O$，以下简称"EDTA"（GB 1401—78）］1.86 g 于 100 mL 烧杯中，以水溶解，加数粒固体氢氧化钠碱化，用水稀释至 1000 mL，摇匀。

标定方法如下：准确吸取铁的标准溶液 10 mL 于 300 mL 烧杯中，加水稀释至约 100 mL，加磺基水杨酸指示剂 0.5 mL，滴加 1：1 氨水至溶液由紫色恰变为黄色，再加入 2 mol/L 盐酸，调节溶液 pH 值至 1.8~2.0（用精密 pH 值试纸或 pH 值计检验）。将溶液加热至约 70 ℃，取下，立即以 EDTA 标准溶液滴定至亮黄色（终点时的温度应在 60 ℃左右）。

EDTA 标准溶液对氧化铁的滴定度按下式计算：

$$T = \frac{MV_1}{V_2}$$
(4-41)

式中　M——铁的标准溶液的浓度，mg/mL；

　　　V_1——吸取铁的标准溶液的体积，mL；

　　　V_2——标定时所耗 EDTA 标准溶液的体积，mL。

3. 测定步骤

准确吸取滤液 A 20 mL 于 250 mL 烧杯中，加水稀释至约 100 mL，加磺基水杨酸指示剂 0.5 mL，滴加 1：1 氨水至溶液由紫色恰变为黄色，再加入 2 mol/L 盐酸，调节溶液 pH 值至 1.8~2.0（用精密 pH 值试纸或 pH 值计检验）。将溶液加热至约 70 ℃，取下，立即以 EDTA 标准溶液滴定至亮黄色（终点时温度应在 60 ℃左右）。

4. 实验结果计算和允许误差

（1）氧化铁含量（%）按下式计算：

$$w(Fe_2O_3) = \frac{1.25 \times T \times V_1}{G}$$
(4-42)

式中　T——EDTA 标准溶液对氧化铁的滴定度，mg/mL；

　　　V_1——试液所耗 EDTA 标准溶液的体积，mL；

　　　G——分析煤灰样质量，g。

（2）氧化铁的允许误差如下：

含量/%	重复性/%	再现性/%
<5	0.3	0.6
5~10	0.4	0.8
>10	0.5	1.0

（三）氧化铝的测定（氟盐取代 EDTA 容量法）

1. 实验要点

在弱酸性溶液中，加入过量 EDTA 与铁、铝、钛等离子络合，在 pH 值为 5.9 时，以二甲酚橙为指示剂，用锌盐回滴剩余的 EDTA。再加入氟盐置换出与铝、钛络合的 EDTA，用乙酸锌标准溶液滴定。

2. 试剂

（1）EDTA（GB 1401—78）分析纯，配成 1.1%水溶液。

（2）酚酞（HGB 3039—59）1%溶液：称取酚酞 1 g，溶于 100 mL 分析纯的 95%乙醇（GB 679—65）中。

（3）氨水（GB 631—77）分析纯，配成 1:1 水溶液。

（4）盐酸（GB 622—77）分析纯，配成 1:1 和 1:9 水溶液。

（5）缓冲溶液（pH 值为 5.9）：称取分析纯三水乙酸钠（$CH_3COONa \cdot 3H_2O$）（GB 693—77）200 g，溶于水中，加分析纯冰醋酸（GB 676—78）6.0 mL，用水稀释至 1000 mL。

（6）二甲酚橙 0.1%溶液：称取二甲酚橙 0.1 g，溶于 100 mL、pH 值为 5.9 的缓冲溶液中，存放期不超过 15 天。

（7）乙酸锌（HGB 3—1098—77）分析纯，配成 2%水溶液。

（8）氟化钾（GB 1271—77）分析纯，配成 10%水溶液，储于聚乙烯瓶中。

（9）铝的标准溶液 1 mL 相当于氧化铝 1 mg。置光谱铝片于烧杯中，用 1:9 盐酸浸溶几分钟，使表面氧化层溶解，用倾泻法倒去盐酸溶液，以水洗涤数次后，用无水乙醇洗涤数次，放入干燥器中干燥，准确称取加工后的铝片 0.5293 g 于 150 mL 烧杯中。加优级纯氢氧化钾（HGB 3006—59）2 g、水 10 mL，待溶解后，用优级纯 1:1 盐酸（GB 622—77）酸化，使氢氧化铝沉淀又溶解，再过量 10 mL，冷至室温，移入 1000 mL 容量瓶中，用水稀释至刻度，摇匀。

（10）乙酸锌标准溶液：准确称取分析纯乙酸锌［$Zn(CH_2COO)_2 \cdot 2H_2O$］（HGB 3—1098—77）3.2 g 于 250 mL 烧杯中，加分析纯冰醋酸（GB 676—78）1 mL，以水溶解，用水稀至 1000 mL，摇匀。

标定方法如下：准确吸取铝的标准溶液 20 mL 于 250 mL 烧杯中，加水稀释至约 100 mL，加 1.1% EDTA 溶液 20 mL（为了使锌与 EDTA 络合完全，EDTA

的加入量要大于铝的摩尔数的 1.4 倍)；加酚酞指示剂 1 滴，用 1：1 氨水中和至刚出现红色，再加 1：1 盐酸至红色消失。然后，加缓冲溶液 10 mL，于电炉上微沸 3~5 min，取下冷至室温。加入二甲酚橙指示剂 4~5 滴，立即用 2%乙酸锌溶液滴定至近终点时，再用乙酸锌标准溶液滴至橙红色或紫红色。加入 10%氟化钾溶液 10 mL，煮沸 2~3 min，冷至室温，补加二甲酚橙指示剂 2 滴，用乙酸锌标准溶液滴至橙红色或紫红色，即为终点。

乙酸锌标准溶液对氧化铝的滴定度按下式计算：

$$T = \frac{MV_1}{V_2} \tag{4-43}$$

式中 M——铝的标准溶液的浓度，mg/mL；

         V_1——吸取铝的标准溶液的体积，mL；

         V_2——标定时所耗乙酸锌标准溶液的体积，mL。

3. 测定步骤

(1) 准确吸取滤液 A 20 mL 于 250 mL 烧杯中，加水稀释至约 100 mL，加 1.1%EDTA 溶液 20 mL，加酚酞指示剂 1 滴，用 1：1 氨水中和至刚出现红色，再加 1：1 盐酸至红色消失。然后加缓冲溶液 10 mL，于电炉上微沸 3~5 min，取下冷至室温。

(2) 加入二甲酚橙指示剂 4~5 滴，立即用 2%乙酸锌溶液滴定至近终点时，再用乙酸锌标准溶液滴至橙红（或紫红）色。

(3) 加入 10%氟化钾溶液 10 mL，煮沸 2~3 min，冷至室温，补加二甲酚橙指示剂 2 滴，用乙酸锌标准溶液滴至橙红（或紫红）色，即为终点。

4. 实验结果计算和允许误差

(1) 氧化铝含量（%）按下式计算：

$$w(Al_2O_3) = \frac{1.25 \times T \times V_1}{G} - 0.638 \times w(TiO_2) \tag{4-44}$$

式中 T——乙酸锌标准溶液对氧化铝的滴定度，mg/mL；

         V_1——试液所耗乙酸锌标准溶液的体积，mL；

         G——分析煤灰样质量，g；

   0.638——由二氧化钛换算成氧化铝的因数；

  $w(TiO_2)$——二氧化钛的含量，%。

(2) 氧化铝的允许误差如下：

含量/%	重复性/%	再现性/%
≤20	0.4	0.8
>20	0.5	1.0

实验十九 溶液中铁含量的测定

（一）磺基水杨酸法（高含量铁）

1. 实验范围

（1）本法规定了锅炉水中工业循环水预膜时总铁含量的测定方法。

（2）本法适用于含铁 0~3 mg/L 的水样。

（3）铁含量高低是衡量设备管道腐蚀程度的重要依据。

2. 实验原理

在 pH 值为 8.5~11.5 时，Fe^{3+} 与磺基水杨酸生成黄色络合物，可进行比色测定。此络合物最大吸收波长为 420 nm，水样中的亚铁可氧化为高铁后进行测定。

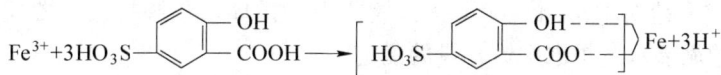

$$Fe^{3+}+3HO_3S-\!\!\!\!\!\bigcirc\!\!\!\!\!\overset{OH}{\underset{COOH}{}}\longrightarrow\left[HO_3S-\!\!\!\!\!\bigcirc\!\!\!\!\!\overset{OH---}{\underset{COO-}{}}\right]Fe+3H^+$$

3. 试剂和溶液

（1）100 g/L 磺基水杨酸：称取 10 g 磺基水杨酸溶解稀释至 100 mL 纯水中。

（2）1+1 氨水。

（3）浓硝酸（分析纯）。

（4）铁标准溶液：称取 0.8634 g 硫酸高铁铵 $[Fe(NH_4)(SO_4)_2 \cdot 12H_2O]$ 溶于 100 mL 1 mol/L 的盐酸中，待溶解后转入 1 L 的容量瓶中，用蒸馏水稀释至刻度，此液 1 mL 中含有 0.1 mg 铁。

（5）铁标准工作液：将上述溶液稀释 10 倍，得 1 mL 中含有 0.01 mg 铁标准工作液。

4. 仪器

（1）分光光度计，3 cm 吸收池；

（2）一般实验室仪器和玻璃量器；

（3）电炉。

5. 测定步骤

（1）标准曲线的绘制。分别吸取 0.01 mg/mL 铁标准溶液 0 mL、1.00 mL、2.00 mL、3.00 mL、4.00 mL、5.00 mL 于 100 mL 的烧杯中，各加入浓硝酸 6 滴；用蒸馏水稀释至 25 mL，加热煮沸约 3 min，冷却后移入 50 mL 比色管中，各加入 100 g/L 磺基水杨酸 5 mL，摇动片刻；再加入（1+1）氨水 5 mL，稀释至刻度摇匀，放置 15 min，以试剂空白为参比；在 420 nm 波长下，用 3 cm 比色皿测定其吸光度，以吸光度为纵坐标，铁含量（mg/L）为横坐标绘制标准曲线。

（2）水样的测定。吸取水样 25 mL 于 100 mL 的烧杯中，加浓硝酸 6 滴，加热煮沸 3 min，其他步骤同（1）。

6. 实验结果计算

试样中总铁含量，以铁（Fe^{3+}）的质量浓度（mg/L）表示，按下式计算：

$$\rho Fe^{3+} = \frac{m}{V} \times 1000 = \frac{KA + B}{25} \times 50 \qquad (4\text{-}45)$$

式中　m——从工作曲线上查得 Fe^{3+} 的质量，mg；

　　　V——取样体积，mL。

7. 注意事项

（1）本法测出的水样为总铁含量。

（2）为了氧化水样中未完全被氧化的 Fe^{2+}，以及防止三氯化铁黄色的干扰，故不用盐酸而改为硝酸。

（3）磷酸盐对本法测定无干扰，故适用于循环水预膜排放，置换高含量磷酸盐运行的循环水及炉水中铁含量的测定。

（二）邻菲啰啉法（低含量铁）

1. 实验范围

本方法适用于含 Fe^{2+} 5~200 μg/L 的锅炉给水、天然水、澄清水、蒸气冷凝液中微量铁含量的测定。

2. 实验原理

用盐酸羟胺将试样中的 Fe^{3+} 还原成 Fe^{2+}，在 pH 值为 4~5 时，Fe^{2+} 可与邻菲啰啉生成橙红色络合物，在最大吸收波长 510 nm 处，用分光光度计测定吸光度。

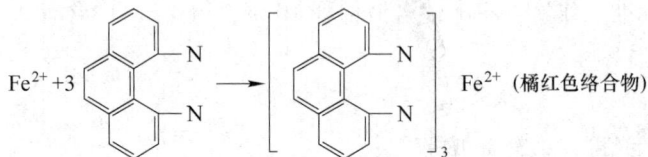

3. 试剂和溶液

（1）1,10-二氮杂菲溶液，0.12%（质量浓度）：称取 1.20 g 1,10-二氮杂菲溶解到加有 2 滴浓盐酸的 100 mL 蒸馏水中，定容至 1000 mL 棕色瓶中于暗处保存。此溶液变暗就不能再用。

（2）盐酸羟胺溶液 100 g/L：称取 10 g 盐酸羟胺溶于 100 mL 的蒸馏水中。

（3）醋酸-醋酸铵缓冲液：称取 100 g 醋酸铵溶解于 150 mL 蒸馏水中，加入 200 mL 冰醋酸，蒸馏水稀释至 1 L 混匀。

（4）1+1 盐酸溶液。

（5）铁标准溶液储备液：称取 0.7022 g 硫酸亚铁铵〔$Fe(NH_4)_2(SO_4)_2 \cdot 6H_2O$〕溶于 50 mL 蒸馏水中，加入 20 mL 浓硫酸，然后移入 1 L 容量瓶中，稀释至刻度，得 1 mL 溶液中含有 0.1000 mg Fe^{2+}。

（6）铁标准工作溶液：移取上述储备液 25 mL 稀释在 500 mL 容量瓶中得 1 mL 溶液中含有 0.005mg 铁的工作液，此液当天有效。

4. 仪器

（1）分光光度计，3 cm 吸收池；

（2）一般实验室仪器和玻璃量器；

（3）电炉。

5. 测定步骤

（1）标准曲线的绘制。依次移取铁标准工作液 0 mL、2.00 mL、4.00 mL、6.00 mL、8.00 mL、10.00 mL 于六个 100 mL 容量瓶中，加入蒸馏水至 25 mL；再加（1+1）盐酸 2 mL，100 g/L 盐酸羟胺 2 mL，摇匀，静置 5 min。加入 5 mL 醋酸-醋酸铵缓冲溶液，摇匀，加入 0.12%邻菲啰啉溶液 5 mL，稀释至刻度，摇匀。室温下放置 15 min，以试剂空白为参比，在 510 nm 处用 3 cm 比色皿测量吸光度，以测得的吸光度为纵坐标，相对应的铁离子含量为横坐标绘制工作曲线。

（2）样品总铁含量的测定。取 50.0 mL 混匀水样于 250 mL 锥形瓶中，加（1+1）盐酸 2 mL，盐酸羟胺溶液 2 mL，加热煮沸 10 min；冷却到室温后，将溶液移入 100 mL 容量瓶内，加入 5 mL 醋酸-醋酸铵缓冲溶液，摇匀，加入 0.12% 邻菲啰啉溶液 5 mL，加水至刻度，摇匀。室温下放置 15 min，以试剂空白为参比，在 510 nm 处用 3 cm 比色皿测量吸光度。

（3）亚铁的测定。取水样 50.0 mL，免去加热和加盐酸羟胺溶液，其他步骤同（2）中的测定。

6. 实验结果计算

（1）试样中总铁含量（X_1），以铁（Fe^{2+}）的质量浓度（mg/L）表示，按下式计算：

$$X_1 = \frac{m_1}{V_1} \times 1000 = \frac{KA + B}{50} \times 100 \qquad (4-46)$$

式中　m_1——从工作曲线上查得的以"mg"表示的 Fe 质量；

　　　V_1——取样体积，mL。

（2）试样中亚铁含量（X_2），以铁（Fe^{2+}）的质量浓度（mg/L）表示，按下式计算：

$$X_2 = \frac{m_2}{V_2} \times 1000 \qquad (4-47)$$

式中　m_2——从工作曲线上查得的以"mg"表示的 Fe 质量；

　　　V_2——取样体积，mL。

（3）Fe^{3+}含量的计算公式为：

$$Fe^{3+} = 总铁 - 亚铁 \tag{4-48}$$

7. 注意事项

（1）本法测定总铁含量为酸溶性铁，包括 Fe^{2+}、Fe^{3+} 铁络合物及悬浮物。

（2）邻菲啰啉能与某些金属离子形成有色络合物而干扰测定。但在乙酸-乙酸铵的缓冲溶液中，不大于铁浓度 10 倍的铜、锌、钴、铬及小于 2 mg/L 的镍，不干扰测定，当浓度再高时可加入过量显色剂予以消除。汞、镉、银等能与邻菲啰啉形成沉淀，若浓度低时，可加过量邻菲啰啉来消除；浓度高时，可将沉淀过滤除去。水样有底色，可用不加邻菲啰啉的试液作参比，对水样的底色进行校正。

（3）要保证全部铁的溶解和还原。水样含有 NO_2^- 等强氧化剂时，应加大盐酸羟胺的用量。

（4）如果用刚果红指示 pH 值，要注意：试纸会在溶液中形成纸毛，从而影响吸光度。

实验二十　高锰酸钾氧化-二苯碳酰二肼比色法测定总铬含量

（一）方法适用范围

地表水和工业废水。

（二）分析原理

在酸性溶液中，三价铬被高锰酸钾氧化为六价铬，六价铬与二苯碳酰二肼反应生成紫红色化合物，可在一定条件下比色测定。

（三）采样

于采样现场随机采取水样，装入玻璃瓶或塑料瓶中，加入 6 mol/L 氢氧化钠溶液数滴至 pH 值为 8~9，带回实验室后处理。

（四）样品预处理

需要分别对蒸馏水（空白试验）和水样进行预处理，方法如下：

（1）一般地面水可以直接用高锰酸钾氧化后比色测定。

（2）样品中含有大量有机物时，采用硝酸-硫酸消解：取 50.00 mL 水样于 150 mL 锥形瓶中，加入 5 mL 浓硝酸和 3 mL（1+1）硫酸，加入几粒玻璃珠，盖上表面皿，于电热板上加热蒸发至冒白烟，如溶液仍有色，可补加 5 mL 浓硝酸，继续加热至溶液澄清，冷却。

（3）另取 50.00 mL 的蒸馏水进行同样的操作。

（五）高锰酸钾氧化

将上述溶液加水稀释至 150 mL，用（1+1）氨水和（1+1）硫酸调节 pH 值至 6~8，加入 0.5 mL（1+1）硫酸、0.5 mL（1+1）磷酸，摇匀；加入 4% 的高锰酸钾溶液 2 滴，如溶液褪色，则再滴入高锰酸钾溶液 2 滴，保持溶液紫红色，加热煮沸至体积约为 20 mL，取下冷却，加入 1 mL 20% 的尿素溶液，摇匀；用滴管滴加 2% 的亚硝酸钠溶液，每加一滴充分摇匀，至高锰酸钾紫红色恰好褪去，稍停片刻，待溶液中气泡逸出，定量转移入 50 mL 比色管中，定容，供测定。

（六）标准曲线制作

分取 5.00 mg/L 的六价铬标准溶液 0.00 mL、0.20 mL、0.50 mL、1.00 mL、2.00 mL、4.00 mL、8.00 mL、10.00 mL 于 50 mL 的比色管中，加水稀释至 50 mL，分别加入 2 mL 的显色剂，摇匀，放置 10min 后，于 540 nm 波长处，以 1 cm 比色皿，以水作参比，测定吸光度。

（七）样品测定

样品溶液也进行与标准曲线制作相同的操作，加入显色剂，放置 10 min 后，比色测定。

（八）数据处理

（1）数据列表：

溶　液	空白溶液 50.00 mL	标准曲线的标准溶液体积［$V(\text{mL})$/50.00 mL］								样品溶液 50.00 mL
		0.00	0.20	0.50	1.00	2.00	4.00	8.00	10.00	
六价铬质量/μg										
吸光度										
扣除空白溶液吸光度										

（2）以六价铬质量（μg）作为横坐标，扣除空白溶液吸光度作为纵坐标，求出回归方程和相关系数。

（3）将样品溶液的吸光度扣除空白溶液吸光度后，代入回归方程，得出水样中六价铬的质量，并根据水样体积换算出水样中总铬的浓度（mg/L）。

第二节　综合实验

实验二十一　污泥脱水性能的测定

（一）实验目的

污水处理过程中，会产生大量的污泥，其数量占处理水量的 0.3%~0.5%（以含水率为 97% 计）。污泥脱水是污泥减量化中最经济的一种方法，是污泥处理工艺中的一个重要环节，其目的是去除污泥中的空隙水和毛细水，降低了污泥的含水率，为污泥的最终处置创造条件。

（二）实验原理

污泥脱水效果由其脱水速率和最终脱水程度两方面决定，主要考察脱水后泥饼的含固率这一指标，含固体率越高，脱水效果越好。

影响污泥脱水性能的因素很多，包括污泥水分存在方式和污泥的絮体结构（粒径、密度和分形尺寸等）、ξ 电势能、pH 值以及污泥来源等。污泥粒径是衡量污泥脱水效果最重要的因素。一般来讲，细小污泥颗粒所占比例越大，脱水性能就越差。分形尺寸越大（最大值为 3），絮体集结得越紧密，也就越容易脱水。污泥的 ξ 电势能越高，对脱水越不利。酸性条件下，污泥的表面性质会发生变化，其脱水性能也随之发生变化。研究发现，pH 值越低，则离心脱水的效率越高。不同来源的污泥，组成成分不同，脱水性能也不同，活性污泥比阻大，脱水也困难。通过添加改性剂在降低污泥含水率的同时，可提高污泥的脱水性能，便于后续处理。

（三）所需药品及配制方法

（1）10% H_2SO_4（质量分数）：取 102 mL 浓硫酸用去离子水缓慢稀释到 1000 mL。

（2）30% NaOH（质量分数）：取 12g NaOH，溶于去离子水后，定容稀释到 1000 mL。

（3）0.5%阳离子型 PAM：称取 0.5 g PAM 定容稀释至 100 mL。

（四）所需仪器设备

表 4-20 为实验用仪器设备。

表 4-20　实验用仪器设备

仪器设备	规　　格	数量/台（个）
离心机		1 台
恒温干燥箱		1 台
玻璃棒		6 个
烧杯	250 mL	3 个×4 组
离心管	100 mL	6 个×2 组
称量瓶	50 mL	6 个×4 组

（五）实验操作及数据处理

采用机械脱水法测定污泥的脱水性能。将 100 mL 浓缩污泥加到 250 mL 烧杯中，加 10% 2 mL 硫酸酸化，快速搅拌 30 s，慢搅拌 5 min，再加阳离子型 PAM，搅拌使污泥形成矾花，酸化及絮凝反应均在烧杯中进行。

将预处理好的污泥分成 2 份，分别转入 100 mL 离心管中，在 4000 r/min 和 2000 r/min 下离心 10 min，小心倾倒去除上清液（避免使固体再悬浮），取泥饼（2±0.1）g（准确记录质量），放入预先已经干燥恒重的称量瓶中，放在 105 ℃ 的干燥箱中恒重（2 次称量误差小于 0.0005 g），计算含固率。不同加药方案设计和脱水效果，见表 4-21。

表 4-21 不同加药方案设计和脱水效果

加药方案（每个方案做 2 个平行样）	离心泥饼含固率/%	
	4000 r/min，10 min	2000 r/min，10 min
空白（浓缩污泥）		
只加阳离子 0.5%PAM		
硫酸 10%，加 0.5%PAM		

（六）注意事项

PAM 要缓慢加入，并且边加边充分搅拌，才能形成矾花。

实验二十二 垃圾渗滤液的沥浸实验

（一）实验原理

垃圾填埋产生的渗滤液在向下迁移的过程中，其中的许多成分，包括有机质、金属等物质受到土壤的净化作用，浓度会逐渐降低，同时使土壤受到污染。

（二）所需药品及配制方法

（1）0.25 mol/L 重铬酸钾标准溶液：称取预先在 120 ℃烘干 2 h 的优级纯重铬酸钾 12.258 g 溶于水中，移入 1000 mL 容量瓶中，稀释至标线，摇匀。

（2）硫酸-硫酸银溶液：于 2500 mL 浓硫酸中加入 25 g 硫酸银，放置 1~2 天，不时摇动使其溶解。

（3）硫酸亚铁铵标准溶液（0.1 mol/L）：称取 39.5 g 硫酸亚铁铵溶于水中，边搅拌边缓慢加入 20 mL 浓硫酸，冷却后移入 1000 mL 容量瓶中，加水稀释至标线，摇匀。临用前，用重铬酸钾标准溶液标定。

标定方法：准确吸取 10.00 mL 重铬酸钾标准溶液于 500 mL 锥形瓶中，加水稀释至 110 mL 左右，缓慢加入 30 mL 浓硫酸，混匀。冷却后，加入 3 滴试亚铁灵指示剂（约 0.15 mL），用硫酸亚铁铵溶液滴定，溶液的颜色由黄色经蓝色变为绿色。

$$c = (0.2500 \times 10.00)/V \qquad (4\text{-}49)$$

式中 c——硫酸亚铁铵标准溶液的浓度，mol/L；

V——硫酸亚铁铵标准溶液的用量，mL。

（4）试亚铁灵指示剂：称取 1.485 g 邻菲啰啉（$C_{12}H_8N_2 \cdot H_2O$）、0.695 g 硫酸亚铁（$FeSO_4 \cdot 7H_2O$）溶于水中，稀释至 100 mL，贮于棕色瓶内。

（三）所需仪器设备

表 4-22 为实验用仪器设备。

表 4-22　实验用仪器设备

仪器设备	规　格	数量/台（个）
模拟淋滤装置		4 套
pH 值计		1 台
回流锥形瓶	250 mL	6 个×1 组
回流冷凝管		6 个×1 组
酸式滴定管	25 mL	1 个×1 组
电炉子		6 个×1 组

（四）实验操作及数据处理

取适量土壤若干，取出石头、瓦块等粒度较大的颗粒后，摊铺晾干，在玻璃模拟淋滤柱中装入土样，注意控制装土样固体废物的压实密度，过密将延长实验时间，过松将影响净化效果，装柱完毕后测量土样厚度。图 4-5 为垃圾渗滤液沥透模拟实验装置。

取适量垃圾渗滤液，稀释到 COD_{Cr} 浓度约 2000 mg/L 备用。将稀释后的渗滤液注入模拟淋滤柱装置上部，保持渗滤液水头 10 cm 左右，同时记录时间。渗滤液从柱底部渗出后，立即记录时间，并进行 pH 值、COD_{Cr} 渗的监测。以后每隔一定时间对渗滤液渗出量的渗出液浓度进行同步监测，前期监测时间可稍短（10~20 min），以后时间间隔可适当延长（30~60 min），用稀释倍数法测量 COD_{Cr} 浓度，见表 4-23。

绘制渗滤液 COD_{Cr} 随时间的变化曲线以及土柱对渗滤液 COD_{Cr} 净化效率的曲线。

COD_{Cr} 的测定：

（1）取 20.00 mL 混合均匀淋滤后的渗滤液（或适量渗滤液稀释至 20.00 mL）置于 250 mL 磨口的回流锥形瓶中，准确加入 10.00 mL 0.25 mol/L 重铬酸钾标准溶液

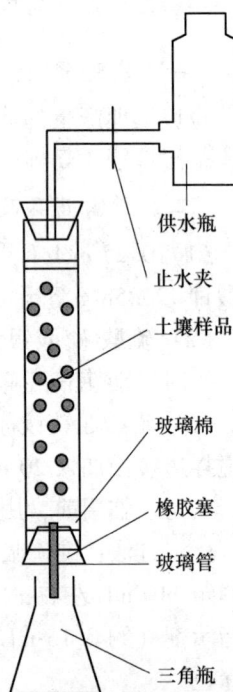

供水瓶
止水夹
土壤样品
玻璃棉
橡胶塞
玻璃管
三角瓶

图 4-5　垃圾渗滤液沥透
模拟实验装置

表 4-23　渗出液污染物浓度记录

取样时间	0	10 min	30 min	1 h	2 h	3 h
渗透水量/mL						
pH 值						
$COD_{Cr}/mg \cdot L^{-1}$						

及数粒洗净的玻璃珠或沸石，连接磨口回流冷凝管，从冷凝管上口慢慢地加入 30 mL 硫酸-硫酸银溶液，轻轻摇动锥形瓶使溶液混匀，加热回流 2 h（自开始沸腾时计时）。

（2）冷却后，用 90 mL 水从上部慢慢冲洗冷凝管壁，取下锥形瓶。溶液总体积不得少于 140 mL，否则因酸度太大滴定终点不明显。

（3）溶液再度冷却或加入 3 滴试亚铁灵指示剂，用硫酸亚铁铵标准溶液滴定，溶液的颜色由黄色经蓝色变为绿色至红褐色即为终点，记录硫酸亚铁铵标准溶液的用量。

（4）测定水样的同时，以 20.00 mL 蒸馏水，按同样操作步骤作空白实验，记录滴定空白时硫酸亚铁铵标准溶液的用量。

实验结果计算公式如下：

$$COD_{Cr}(O_2, mg/L) = (V_0 - V_1) \times c \times 8 \times 1000/V \qquad (4-50)$$

式中　c——硫酸亚铁铵标准溶液的浓度，mol/L；

　　　V_0——滴定空白时硫酸亚铁铵标准溶液的用量，mL；

　　　V_1——滴定水样时硫酸亚铁铵标准溶液的用量，mL；

　　　V——水样的体积，mL；

　　　8——氧（1/2 O）摩尔质量，g/mol。

（五）思考题

若实验土料变为施工防渗的黏土，实验结果会有哪些差异？

实验二十三　植物残渣的资源化利用实验

（一）实验目的

以麦秸、稻草、木屑、甘蔗渣等为原料，采用破碎、混合、浸渍、热压成型、烧结等工艺制备出各温度点下的木质陶瓷，对其密度、气孔率、强度、电阻率等性能进行测试，对其性能特征、形成机理及规律进行分析研究。初步展示了原料配比、酚醛树脂浓度、温度等参数对整个制备过程及木质陶瓷性能的影响，实验结果证明了通过该工艺用麦秸或甘蔗渣等制备木质陶瓷的可行性，同时也表明黏结剂和烧结温度对木质陶瓷性能影响很大，实验为麦秸、甘蔗渣等植物残渣的利用开辟了新的途径，也为木质陶瓷的研究开辟了新的方向和空间。

　　通过实验，让学生掌握《固体废物处理与处置》课程中的收集、干燥、破碎、筛分、压实、浸渍、热处理等处理与处置工艺，熟悉基本过程，制备出实验样品，了解密度、气孔率、强度、电阻率等性能的测试原理与方法。

　　（二）实验原理

　　木质陶瓷由日本青森工业实验场的冈部敏弘和斋藤幸司于1990年开发，是一种采用木材（或其他木质材料）在热固性树脂中浸渍后真空碳化而成的新型多孔质碳素材料，其中的木质材料烧结后生成软质无定形碳，树脂生成硬质玻璃。

　　木质陶瓷最初用天然木材制造，但由于原木及制品存在轴向、径向、切向上的不均匀性和各向异性，以及烧结尺寸精度低等问题，之后多采用中质纤维板（MDF，一般气干密度0.7 g/cm³左右，含水8%左右），这样，原料基本上只有板面与板厚方向的性质区别。甲醛树脂在木制品中广泛应用，木质陶瓷制备中常选用其中的酚醛树脂，这多是由于它价格低廉、合成方便，而且游离甲醛较少，燃烧后只生成CO_2和H_2O，具有环境协调性。浸渍时常采用低压超声波技术以提高浸渍率及其均匀性，碳化过程中伴随有复杂的脱水、油蒸发、纤维素碳链切断、脱氢、交联和（碳）晶型转变等反应变化机理及控制利用，是值得深入研究的。一般来说，木材在400 ℃左右形成芳香族多环，而后缓慢分解为软质无定形碳，树脂500 ℃以上分解为石墨多环而后形成硬质玻璃碳。玻璃碳以其硬质贝壳状断口而命名，其基本结构为层状碳围绕纳米级间隙混杂排列的三维微孔构造，既有碳素材料的耐热、耐腐蚀、高热导率、导电性，也具有玻璃的高强度、高硬度、高杨氏模量、均质性和对气体的阻透性。2000 ℃以上试样基本全部碳化。激光加工因有高精度的突出优点而受到重视，其中脉冲式CO_2激光器对木质陶瓷断续加热，热应力较小，能避免加工裂纹的出现，是有前景的木质陶瓷加工工具。

　　木质陶瓷的残碳率、硬度、强度、杨氏模量和断裂韧性都随浸渍率或烧结温度的提高而增加。现有木质陶瓷的断裂韧性很低，在$0.15 \sim 0.3$ MPa$\cdot m^{\frac{1}{2}}$的范围，与冰相似，但其断裂应变随浸渍率及烧结温度的降低而升高，为1%~10%，远高于冰、水泥、SiC等脆性材料，甚至也高于铝材。木质陶瓷的摩擦系数几乎不受对磨材料的种类、粗糙度、润滑剂和滑动速率的影响，一般稳定在$0.1 \sim 0.15$之间，但随荷重的增加而有所下降，认为木质陶瓷结构多孔，润滑油难以形成明显油膜，只主要起冷却作用，因此对各种耐热材料在各种对磨速率下都难以减低其摩擦系数，同时木质陶瓷的剪切强度不随表面、内部而变化，因此对磨材料的粗糙度也不影响摩擦系数，但由于荷重的增加将导致木质陶瓷表面间隙的减少，从而多少体现出油膜的效果。其磨损率可控制在$7 \sim 10$ mm³/（N·m）的量级，现已有木质陶瓷在制动装置和无心磨床上的应用研究。随烧结温度升高，碳化程度的进展，木质陶瓷从绝缘体过渡到导体，其电导率随电频增加而减少。较高的导电性认为，来自 C—C 结合的非极性电子的自由电子状态。根据其电阻值随环境温度、湿度的上升而大致呈线性下降的关系，可开发出新型温敏、湿敏元件，如测温、测湿计等。在复电导率中，代表能量损失的虚部较代表极化大小的实部为大，因此木质陶瓷可作电磁屏蔽材料。同时，由于木质陶瓷具有多孔结构，可散射、吸收电磁波而减弱反射波。烧结温度超过 700 ℃，木质陶瓷便具有逐渐增强的电磁屏蔽性能，在 1 GHz 内从 100～500 MHz 区间有最大电屏性能；频率越高，磁屏性能越高，可达 50 dB 左右。800 ℃烧结木质陶瓷的热容数值大于金属而与硅酸盐接近，并随烧结温度升高而降低。木质陶瓷的远红外放射率和放射辉度与黑体相似，前者恒为 80%，与波长无关，远高于一般金属，也与别的陶瓷材料有显著区别。由于人体大多依靠远红外线获取热量，因此木质陶瓷极有发展成房暖材料的潜力。

木质陶瓷的最大特点与优点在于环境协调性。其原料——木材是可循环利用的资源，是目前许多枯竭性资源的极具前景的代用品。木质陶瓷的副产品为木醋酸，它是农业土壤改良剂和防虫防菌剂。木质陶瓷使用后仍可作吸附剂，废弃时也可破碎作土壤改良剂，没有环境负担。同样重要的是，它使碳得以大量固定（约 172 kg/m^3），有利于温室效应的抑制。虽然木质陶瓷最初的应用设想是基于其碳素导电和多孔结构的电磁屏蔽材料，但进一步的研究表明，它有着（更）广阔的应用前景：

（1）轻量、比强度高，可作构造用材；

（2）硬质、耐磨，可作摩擦材料；

（3）结构多孔，可作各种滤过、吸收材料，以及其他材料的基体；

（4）耐热、耐氧化、耐腐蚀，可应用于高温、腐蚀环境中；

（5）导热，有良好的远红外发射功能，是大有前途的房暖材料；

（6）经济性好，能大批量生产。

关于木质陶瓷的发展趋势，学界普遍认为最起码还应包括以下方面：

（1）对麦秸等植物残渣进行木质陶瓷化研究，重点研究植物残渣木质陶瓷化的工艺参数，为木质陶瓷研究开辟新的空间和方向。

（2）进一步弄清木质陶瓷的结构，特别是微观结构与性能的关系，以便对木质陶瓷的制备、改性等提供理论支撑。

（3）在已经取得的定性或半定量研究结果的基础上，继续进行相关研究，以期做到定量地弄清楚木质陶瓷的各种物理、化学变化机理，以指导应用开发研究。

（4）鉴于木质陶瓷的强度不高，研究提高木质陶瓷残碳率并进一步提高木质陶瓷强度，开展各种木质陶瓷复合材料研究，特别是环境协调性好的复合材料研究，进一步开发出各种新型的生态环境材料。

　　一方面，性能优良的木质陶瓷在生成过程中使用原木未能真正体现木质陶瓷的生态协调性内涵，对原木的使用与环保也是不利的；另一方面，大量堆积起来的麦秸正成为越来越难以处理的废弃物。其实，麦秸、稻草、木屑、甘蔗渣等秸秆的成分与原木相同，完全可以替代原木制备木质陶瓷，而且实现了麦秸等植物残渣的资源化。二者有机结合，用麦秸制备木质陶瓷，避免了对原木的使用，实现了麦秸资源化，制备出性能优良的木质陶瓷，一举多得，真正实现经济效益、环境效益和社会效益的统一。

　　为此，实验以麦秸等为原料，用浸渍、热压等全新工艺制备出坯体，进而烧结出木质陶瓷，以避免使用原木，使木质陶瓷这种环境材料更具生态环境协调性内涵；在木质陶瓷的烧结过程中，拟采用改变升温、添加阻燃剂等方法提高木质陶瓷的残碳率，以进一步改善木质陶瓷的抗弯强度等性能；同时，为了提高木质陶瓷的物理性能，设计添加凹凸棒石黏土，实现碳-碳化物与氧化物的纳米复合，寻求提高木质陶瓷抗弯强度和碳化温度的途径，为木质陶瓷复合材料生产提供理论依据和新的实用途径。

　　（三）实验设备

　　（1）天平、烧杯、量筒、搅拌棒等系列。

　　（2）电热鼓风干燥箱：型号 HG101-2，最高温度 300 ℃，控制温度±1 ℃，加热功率 3.6 kW，工作室尺寸 450 mm×550 mm×550 mm。

　　（3）浸渍釜一台，即浸渍罐，由钢板制成的圆桶，一头有开启的罐盖，罐容积有大有小。

　　（4）微型植物粉碎机，型号 FZ102，粉碎室内径 120 mm，最大消耗功率 0.32 kW，转速 1000 r/min。

　　（5）油压千斤顶，附自行设计的加热模具，可同时加热加压。

　　（6）管式电阻炉及其配套装置，如图 4-6 所示。

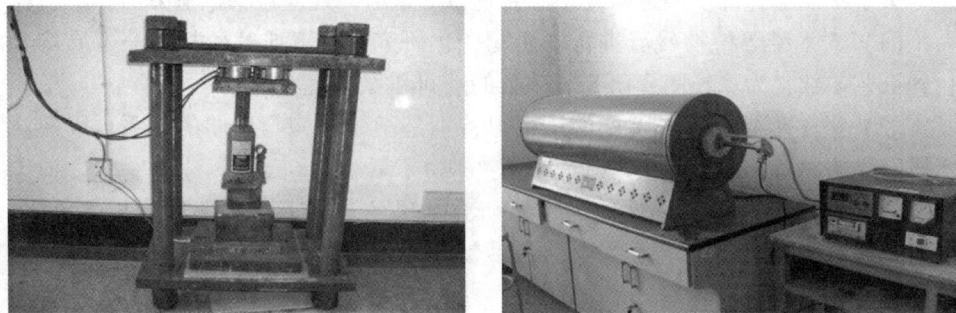

图 4-6　管式电阻炉及其配套装置

1）管式电阻炉：型号 SK-6-12，额定功率 6 kW，额定温度 1200 ℃，炉膛尺寸（$d×L$）100 mm×1000 mm。

2）热电偶：WRP-120 型铂铑-铂热电偶，分度号为 LB-3，测温范围为 0～1300 ℃，$L=650$ mm。

3）可控硅温度控制器：型号为 KSY-6D-16，控制功率 6 kW，输入电压 220 V，单相，控温范围 0～1600 ℃，控制精度<3 ℃。

4）工业氮气瓶以及工业氮气的一套洗涤及干燥装置。

（7）高温管式真空炉一台，型号 CVD（G）-09/40/1，炉管尺寸 ϕ80 mm×1200 mm，最高温度 1600 ℃，极限真空度 10 Pa。

（8）数显式液压万能实验机一台，型号为 WES-20，最大实验力 20 kN，精度为 0.001 kN。

（四）实验步骤

将甘蔗渣分成 2 组，配料及其单位分别为：甘蔗渣，g；酚醛树脂，mL；酒精，mL；固化剂，mL。第 1 组按甘蔗渣∶酚醛树脂∶酒精∶固化剂 = 100∶50∶50∶25 的比例混合均匀，自然晾干后热压成 100 mm×50 mm×5 mm 的试样。混合时加酒精的目的是稀释树脂，使得树脂与甘蔗渣充分浸润混合。将第 2 组按甘蔗渣∶酚醛树脂∶酒精∶固化剂 = 100∶70∶30∶20 的比例混合均匀后压制成试样，并且与第 1 组所得试样的尺寸相同。

将热压成型的 2 组试样放入真空炉中，在氮气保护气氛中以 5 ℃/min 的速率分别升温至 300 ℃、400 ℃、500 ℃、600 ℃、700 ℃、800 ℃，并在每一温度保温 4 h 后随炉冷却。

具体步骤如下：

（1）选料。麦秸、稻草、木屑、甘蔗渣等植物残渣的主要化学成分与木材相同（见表 4-24），完全可以代替原木制备木质陶瓷，减少了对原木的使用，实现了废物资源化。甘蔗渣用植物粉碎机破碎，实验所用树脂为热固型酚醛树脂。

表 4-24　甘蔗渣与部分木质材料的主要成分

原料名称	多缩戊糖/%	纤维素/%	木质素/%	灰分/%
甘蔗渣	25.60～29.10	48.20～55.60	18.00～20.00	2.00～4.00
稻壳	16.00～22.00	35.50～45.00	21.00～26.00	11.40～22.00
棉杆	20.76	41.42	23.16	9.47
毛竹	21.12	45.50	30.67	1.10
白杨	19.50	59.00	20.60	0.52
桦木	24.90	53.50	22.50	1.17

（2）试样制备和烧结。

1）破碎麦秸、甘蔗渣等植物残渣；

2）破碎原料过筛；

3）配制黏结剂；

4）原料混合；

5）浸渍；

6）干燥原料；

7）模具的设计；

8）坯体预压；

9）预处理模具；

10）装模；

11）合模及排气；

12）坯体压制；

13）脱模；

14）坯体的检测；

15）坯体的烧结（见图4-7），将坯体置于管式电阻炉内，在氮气的保护氛围下，按设定的烧结规程进行烧结，示意图如图4-8所示；

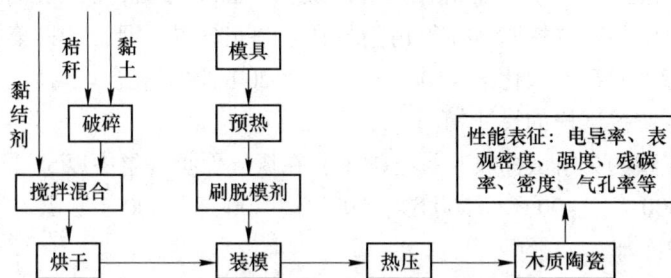

图 4-7　木质陶瓷制备工艺

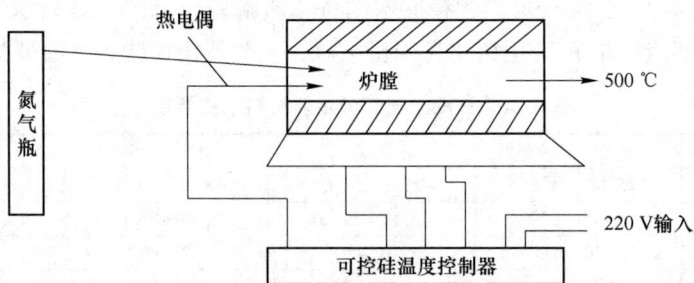

图 4-8　木质陶瓷烧结工艺流程示意图

16）木质陶瓷试样的检测。

（3）测定木质陶瓷的残碳率、电阻率、抗弯强度、密度和显气孔率等参数。

（4）计算、分析实验数据并绘制相关曲线图。

实验二十四　城市生活垃圾的分类实验

（一）实验目的

（1）了解城市生活垃圾的分类方法；

（2）通过实地分选了解当地城市生活垃圾中各类废物的含量。

（二）实验器材

磅秤、塑料袋、口罩、手套、标签纸、生活垃圾。

（三）实验地点

当地城市生活垃圾填埋场。

（四）实验步骤

（1）每组取一斗车生活垃圾样本于空地上铺开；

（2）学生按照生活垃圾的分类方法（见表4-25）将样本分为十四类；

表 4-25　城市生活垃圾分类方法

（1）有机物	（5）废纸	（9）塑料薄膜	（13）墨盒
（2）金属	（6）纺织品	（10）木质	（14）其他
（3）硬塑料	（7）复合材料	（11）危险废物	
（4）纤维	（8）玻璃	（12）厨房垃圾	

（3）将每类垃圾分别装袋并称重；

（4）计算每类垃圾的比例，与近几年所测数据进行比较，分析原因。

实验二十五　固体废物的固化实验

（一）实验目的

用水泥固化法处理含铬等重金属的泥渣，测定固化体的强度性能和固化体中铬在水中的溶出浓度，评价其无害化和资源化可能性。通过实验要求对水泥固化的原理和影响固化制作的因素有初步认识，并学会固体废物水泥固化的方法。

（二）实验基本原理和影响因素

将水泥和其他添加剂加入含铬泥渣中，用水拌合混炼后，物料中的一些成分会发生一系列的水化反应，包括物料中矿物成分与水相互作用生成相应的化合物；物料中活性的 Al_2O_3 与 $Ca(OH)_2$ 发生水化作用；水化铝酸三钙成分与石膏结合在一起生成水化硫铝酸钙（$CaO \cdot Al_2O_3 \cdot 3CaSO_4 \cdot 31H_2O$）的针状结晶，所有水合物都有胶结作用，促进物料的凝结，逐渐硬化，最后得到一定强度的固体。

在固化过程中，铬等重金属及其化合物同固相共沉淀，被包裹或吸附在晶体水合物中，在固体内封闭起来，不易溶出。因此，用水泥固化法处理含铬等有毒金属的泥渣，可以达到稳定化和无害化的目的。

影响固化强度和铬浸出效果的因素有很多：含铬泥渣的特性、固化剂水泥的种类、水泥的配比量、石膏等添加剂的种类和配比量，拌和的水或其他溶液的数量，制备固化体时的密实程度、固化的温度、养护方法和时间等。

（三）实验原料和设备仪器

1. 原料

用来进行固化实验的原料有含铬泥渣、各种品种的水泥、石膏及其他添加剂。

2. 设备仪器

模具、脱模棒、表面皿、灰刀、天平、简易液压机、烧杯、比色管、分光光度计、材料实验机。

备注：每组学生每个样品做两个，一个做浸出实验用，一个做强度实验用。

按照实验要求称取该组实验所需要的各种物料（见表4-26），然后混合均匀，再加水搅拌，水量以使物料充分润湿为原则，然后置于模具中，并压实，脱模，即得固化体。

注意：为了容易脱模，需要在模具壁涂上脱模油。

表 4-26   固化体配料表

组号	Cr渣 （质量分数） /%	水泥 （质量分数） /%	熟石膏 （质量分数） /%	高炉渣 （质量分数） /%	粉煤灰 （质量分数） /%	混合样质量 /g	水 /mL
1	25	50	8		17	20	
	25	70		5		20	
2	25	50	15	10		20	
	25	55	20			20	
3	20	45	35			20	
	25	50	10		15	20	
4	20	40	30	10		20	
	25	40	35			20	
5	25	60	10		5	20	
	25	50	25			20	
6	25	50	10	15		20	
	25	45	30			20	
7	25	70	5			20	
	25	55	5		15	20	

续表 4-26

组号	Cr渣（质量分数）/%	水泥（质量分数）/%	熟石膏（质量分数）/%	高炉渣（质量分数）/%	粉煤灰（质量分数）/%	混合样质量/g	水/mL
8	25	53	6	16		20	
	25	65	10			20	

分实验一　固化体浸出性能的测定

（一）实验步骤

将上面实验的固化体样品的风干养护天数记下，刮掉固化体周围的毛刺后称重，并测量其直径和高度，算出表面积的大小。

用不锈钢丝把固化体样品吊在装有 1000 mL 自来水的烧杯内浸泡，浸出分若干个阶段进行，具体按教师要求而定。将每个阶段浸泡后的自来水浸出液分别测定六价铬的浓度，并换以新鲜自来水开始下阶段的浸出。

（二）六价铬的分析

含铬泥的固化体样品中 Cr^{6+} 浸出结果，可用二苯碳酰二肼分光光度法（目视比色或分光光度计）测定，下面是分析步骤。

1. 标准样的配制

在 9 支 50 mL 的比色管中分别吸入 1 mg/L 的 Cr^{6+} 标准使用液（注意先将501 mg/L 的标准液体稀释至 1 mg/L，然后再移取 1 mg/L 的标准液）0.00 mL、1.00 mL、2.00 mL、3.00 mL、4.00 mL、5.00 mL、6.00 mL、8.00 mL、10.00 mL，用蒸馏水稀释至 50 mL 刻度。配制的稀释液中 Cr^{6+} 浓度分别为 0 mg/L、0.02 mg/L、0.04 mg/L、0.06 mg/L、0.08 mg/L、0.10 mg/L、0.12 mg/L、0.16 mg/L、0.20 mg/L。

向各比色管中加入 2.5 mL 二苯碳酰二肼显色剂，立即摇匀。放置 10 min，供固化浸出液做目视比色用。也可以用分光光度计测定，方法是用 3cm 的比色皿，于波长 540 nm 处，以试剂空白作参比。测定吸光度，绘制标准曲线，求得铬含量。

2. 样品测定

用移液管吸取一定量的固化浸出液 V 于 50 mL 比色管中，吸取的体积视浸出液含六价铬的高低而在 1~50 mL 之间选用，以用来测定的浸出液六价铬的含量在 10 μg 以下为准（即不得超过上述 10 mL 标准使用液比色管中的铬含量）。往比色管加蒸馏水稀释至 40 mL，用硫酸调 pH 值到 7 左右，最后用蒸馏水稀释至标线，再加入 2.5 mL 二苯碳酰二肼显色剂，立即摇匀，与上述 9 支标准样进行目视比色，也可以用分光光度计进行测定。

3. 实验结果计算

（1）固化体浸出液中六价铬浓度的计算：首先通过插入法在标准曲线上求得测定浸出液的 Cr^{6+} 浓度，然后再乘以稀释倍数，计算公式如下：

$$c(Cr^{6+}) = c \times \frac{50}{V} \tag{4-51}$$

式中　c——通过插入法在标准曲线上求得测定浸出液的 Cr^{6+} 浓度，mg/L；

　　　V——比色时所取的浸出液体积，mL。

（2）固化体中铬浸出率的计算：

$$L_B = \frac{a_n}{A_0} \cdot \left(\frac{m}{St}\right) \quad g/(cm^2 \cdot d) \tag{4-52}$$

式中　a_n——第 n 个浸出阶段内，从固化体中浸出的铬量，g；

　　　A_0——固化体中铬的初始量，g；

　　　m——固化体质量，g；

　　　S——固化体几何外表面积，cm^2；

　　　t——浸泡时间，d。

将固化体样品铬的浸出结果填入表 4-27 中。

表 4-27　固化体中铬的浸出结果

配方编号	干样品质量 /g	固化体直径 /cm	固化体高度 /cm	固化体表面积 /cm^2	养护天数 /d	浸出天数 /d	浸出液 Cr^{6+} 浓度 /mg·L^{-1}	铬的浸出率 /g·(cm^2·d)$^{-1}$
d_1								
d_2								
⋮								
d_n								

浸出液的 Cr^{6+} 浓度如果小于 1.5 mg/L，表明固化体符合浸出毒性鉴别标准，浸出浓度越小，说明浸出结果越好，固化体质量越好。

危险废物鉴别标准——浸出毒性鉴别（GB 5085.3—1996）见表 4-28。

表 4-28　浸出毒性鉴别标准值

序号	项　目	浸出液最高允许浓度/mg·L^{-1}
1	有机汞	不得检出
2	汞及其化合物（以总汞计）	0.05
3	铅（以总铅计）	3

序号	项　　目	浸出液最高允许浓度/mg·L⁻¹
4	镉（以总镉计）	0.3
5	总铬	10
6	六价铬	1.5
7	铜及其化合物（以总铜计）	50
8	锌及其化合物（以总锌计）	50
9	铍及其化合物（以总铍计）	0.1
10	钡及其化合物（以总钡计）	100
11	镍及其化合物（以总镍计）	10
12	砷及其化合物（以总砷计）	1.5
13	无机氟化物（不包括氟化钙）	50
14	氰化物（以 CN⁻ 计）	1.0

分实验二　固化体强度性能的测定

制备了固化体要进行填埋或投海处理或用作建筑材料，必须具备一定的强度，强度越高，固化效果越好，本实验主要对所制备的固化体进行强度和落下强度性能的测定。

（一）抗压强度的测定

一个有实用价值的固化体在承受一定压力下必须完整无损，抗压强度越高，固化效果越好。为了测定第一个实验中制备的固化体所能承受的压力，将其置于材料压力实验机或带有压力表的油压机上。施加一定压力后，固体开始破裂，压力从最大值开始下降，记下此时的最大压力。

圆柱形固化体的抗压强度以"每平方厘米"压力值来表示，单位是 Pa，也有用"kg/cm²"表示的。其计算公式为：

$$P = \frac{F}{A} \times 10 \tag{4-53}$$

式中　P——抗压强度，MPa；

　　　F——液压机的最大压力，kN；

　　　A——受力面积，cm²。

（二）落下强度的测定

落下强度也是一种表示固化体强度的方法，主要是考察固化体的抗冲击能力，即耐运转能力，目前还没有统一规定的测定方法。这次测定的是将风干后的固化体在离水泥地面 1.8 m 处自由落下，反复进行直到固化体出现破裂破损为止，记下落下次数把它作为落下强度指标。三个实验做完后，写出固体废物的固化实验报告，并根据下面问题进行讨论：

（1）根据实验结果，请你对自己制备的固化体进行评价。

（2）你认为影响水泥固化的因素有哪些？

实验二十六 固体物料焙烧脱硫实验

（一）实验目的

通过实验了解含硫物料进行焙烧脱硫的基本原理、氧化焙烧的基本特点以及影响氧化焙烧的主要因素，通过操作熟悉焙烧实验的方法和设备，掌握有关计算方法。

（二）基本原理

本实验是将含有金属硫化物的固体物料在空气中进行高温焙烧，硫化物将发生氧化，物料中的硫转变为二氧化硫逸出，主要反应如下：

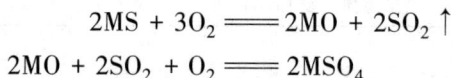

$$2MS + 3O_2 \xrightarrow{\quad\quad} 2MO + 2SO_2 \uparrow$$

$$2MO + 2SO_2 + O_2 \xrightarrow{\quad\quad} 2MSO_4$$

如果焙烧是在高温条件下（1050~1100 ℃）进行，可以将物料中的硫全部脱除，金属硫化物转变为氧化物。如果焙烧是在较低温度下（350~900 ℃）进行，物料中的硫将部分脱除，硫化物转变为氧化物和硫酸盐两种形态。

（三）实验仪器

单管高温定碳炉，KSY 可控硅温度控制器，SHZ-D（Ⅱ）循环水式真空泵。

（四）实验设备及连接

本实验所用的设备和仪器按照图 4-9 连接，它由物料焙烧和测定硫两个系统组成。

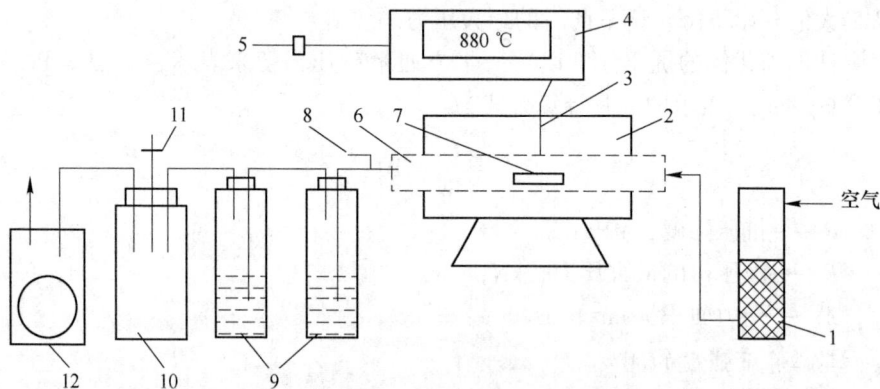

图 4-9 固体物料焙烧脱硫实验装置示意图

1—干燥塔（氯化钙）；2—管状电炉；3—热电偶；4—温度控制器；5—插头；

6—瓷管；7—瓷舟；8—螺旋夹；9—吸收瓶（过氧花氢）；10—缓冲瓶；

11—螺旋夹；12—真空泵

焙烧条件如下：

（1）物料重量：0.8~2.5 g（根据硫含量高低而定）。

（2）空气量：恒定。

（3）焙烧温度：600~1100 ℃，每组做两个温度。

（4）焙烧时间：10~40 min。做实验时，其他条件固定，只变动焙烧温度或焙烧时间，观察其对脱硫焙烧的影响。

（五）实验步骤

（1）温度设定：首先开启 KSY 可控硅温度控制器的电源开关，将温度按钮置于温度设定挡，用螺丝刀将温度调节到需要的温度值。然后置于测定挡，此时屏幕显示炉内实际温度值。

（2）升温：将温度控制模式置于自动挡，逐渐加大调压器的电压，使管状电炉温度升至操作要求温度，并控制温度在此温度上（自动控制）。由于有四组实验同时进行，因此要注意电流不要超过 10 A，电压不要超过 50 V。

（3）称样：首先准确称量瓷舟的质量，然后在天平上准确称取 0.8~2.5 g 试样（根据硫含量的高低而定），记下样品克数，疏松地布满在称量过的瓷舟内。

（4）过氧化氢吸收液的配制：在 500 mL 的烧杯中加入 320 mL H_2O，18 mL H_2O_2，6 mL 甲基红，6 mL 亚甲基蓝，混合后即得到过氧化氢吸收液（内有甲基红，亚甲基蓝混合液作指示剂）。

（5）调配溶剂：将配好的过氧化氢吸收液大致平均地加入两个吸收瓶中，然后逐滴加氢氧化钠标准溶液，直至吸收液由紫色恰好变亮绿色（如果溶液已经是亮绿色，则不需要调节）。

（6）检查装置是否密封或堵塞：按照图 4-7 连接好实验装置后，启动真空泵，这时洗气瓶和吸收瓶内均应有均匀的气泡，并调整好缓冲瓶放空管的螺旋夹，然后停开真空泵。注意：不要将吸收瓶中的吸收液吸入真空泵内。

（7）进料鼓风焙烧：当温度达到设定的温度值，其他一切正常后，打开吸收瓶与单管高温定碳炉瓷管连接处的橡皮塞（主要是为了从另外一侧推瓷舟时能够看清楚瓷舟是否放正），用小铁钩将盛有物料的瓷舟缓慢推入瓷管中心温度最高处（注意：不要弄翻了），然后立即塞紧橡皮塞，马上启动真空泵通入空气进行焙烧。焙烧过程中经常调整好温度和空气流量，使其恒定。

（8）焙烧时间到后，实验停止，先关闭螺旋夹，再停真空泵。然后，将瓷舟小心地勾出，并置于瓷砖板上冷却，并称重，得到渣量。

（9）取下吸收瓶进行硫含量的化学分析，表 4-29 为各组的焙烧实验条件。

表 4-29　各组的焙烧实验条件

组别	温度/℃	时间/min
1	1100	10
	600	25
2	1100	15
	700	25
3	1100	20
	750	20
4	1100	25
	800	20
5	1100	20
	850	20
6	1100	20
	900	20
7	1100	30
	950	15
8	1100	25
	1000	20

（10）硫含量的分析。

硫含量的分析是基于以下反应：

$$SO_2 + H_2O_2 \Longrightarrow H_2SO_4$$

$$H_2SO_4 + 2NaOH \Longrightarrow Na_2SO_4 + 2H_2O$$

将吸收瓶 1 的溶液用氢氧化钠标准溶液进行滴定，溶液由紫色变亮绿色为终点，记录滴定体积 V_1。

吸收瓶 2 的溶液直接用氢氧化钠标准溶液进行滴定，但如果吸收瓶 2 在焙烧后溶液还是亮绿色（即不变色），就不要滴定，记录滴定体积 V_2。

（六）实验结果计算

1. 脱硫率的计算

焙烧过程中的脱硫量计算公式如下：

$$S = V \cdot T \quad (g) \tag{4-54}$$

式中　V——滴定氢氧化钠标准溶液的毫升数，mL，$V = V_1 + V_2$；

　　　T——标准溶液对硫的滴定度，g/mL。

$$脱硫率 = \frac{脱硫量}{物料硫含量} \times 100\% = \frac{脱硫量(g)}{物料含硫率(\%) \times 称取试料质量(g)} \times 100\%$$

$$(4\text{-}55)$$

2. 焙砂硫含量的计算

焙砂硫含量的计算公式如下：

$$焙砂硫含量 = \frac{物料含硫量(g) - 脱硫量(g)}{焙砂的质量(g)} \times 100\% \qquad (4\text{-}56)$$

3. 焙砂产出率的计算

焙砂产出率的计算公式如下：

$$焙砂产出率 = \frac{焙砂的质量}{称取试料质量} \times 100\% \qquad (4\text{-}57)$$

（七）注意事项

（1）空气流量要增大时，应该缓慢扭紧缓冲瓶上放空管的螺旋夹，不能扭得过猛或全部扭紧，以免使缓冲瓶冲盖。

（2）操作时要小心，防止触电、烫伤和玻璃仪器损坏事故发生。

（八）实验报告要求

（1）根据实验数据计算脱硫率、焙砂硫含量和焙砂出产率。

（2）根据本实验分析影响含硫物料焙烧的主要因素。

实验二十七 学校餐厨垃圾好氧堆肥化处理实验

（一）实验目的

堆肥化是有机废弃物无害化处理与资源化利用的重要方法之一。通过本实验，使得学生了解影响堆肥化的因素，知道如何准备堆肥材料、如何进行堆肥过程控制和获取相关实验数据，以及如何判断堆肥的稳定化。

（二）实验原理

堆肥化是指利用自然界中广泛存在的微生物，通过人为地调节和控制，促进可生物降解的有机物向稳定的腐殖质转化的生物化学过程。堆肥化的产物称为堆肥，但有时也把堆肥化简单地称为堆肥。通过堆肥化处理，我们可以将有机物转变成有机肥料或土壤调节剂，实现废弃物的资源化转化，且这些堆肥的最终产物已经稳定化，对环境不会造成危害。因此，堆肥化是有机废弃物稳定化、资源化和无害化处理的有效方法之一。

（三）实验材料、仪器与要求

1. 实验材料

所用堆肥材料取自本校学生食堂的厨房垃圾，包括各种蔬菜、水果的根、茎、叶、皮、核等，以及少量剩饭、剩菜。此外，还需一些锯末，用于调节含水率和 C/N 比。

2. 堆肥反应器

直径 200 mm，高 500 mm，有效工作体积 15.7 L，由一台 200 W 气泵供气，带温度和氧传感器，可自动测量堆肥温度、进气和排气中氧的浓度，并与数据检测记录仪和计算机相连，实现温度和浓度数据的自动记录分析。

3. 测定内容

(1) 初始和堆肥结束时，测定堆肥材料的含水率（MC）、总固体（TS）、挥发性固体（VS）、碳氮比（C/N）；

(2) 堆肥过程中，堆肥材料的温度、进气和排气中氧的浓度。

4. 分析和记录仪器

烘箱、马弗炉、天平、TC 和 TN 测定仪、数据检测记录仪、计算机、便携式 O/CO 测定仪。

5. 实验时间

由于本实验需要延续较长的时间，并且在整个过程中都需要进行数据采集和分析，故把整个实验分成两个部分。第一个实验是垃圾的准备和装料；第二个实验是过程中和结束时的数据采集、检测和结果分析。

（四）实验步骤

1. 准备材料

从本校学生食堂收集厨房垃圾，切碎成 1~2 cm 后，先测定其含水率（MC）、总固体（TS）、挥发性固体（VS）、碳氮比（C/N）；之后，根据测定结果进行材料的调理，主要调节材料的 MC 和 C/N，通过添加锯末调节含水率（MC）至 60%，C/N 比在 20~30 之间。影响堆肥化过程的因素很多，这些因素主要包括通风供氧量、含水率、温度、有机质含量、颗粒度、碳氮比、碳磷比、pH 值等。对厨房垃圾而言，本实验只对 MC 和 C/N 进行调节。

2. 装料和通气

把经过调理准备好的堆肥材料装入反应器中，盖好上盖，开始启动气泵通气。通过气体流量计控制通风量在 0.2 m³/（min·m 物料）左右，或控制排气中氧浓度在 14%~17% 之间。

3. 温度和 O_2 采集记录

由温度和氧传感器测量堆肥温度、进气和排气中氧的浓度，由数据检测记录仪记录数据，设定 1 h 测定 1 次。

4. 翻堆

观察堆肥温度的变化，当堆肥温度由环境温度上升到最高温度（60~

70 ℃)，之后下降到接近环境温度不再变化时，终止通气，把堆肥材料取出，进行第一次翻堆；把材料充分翻动、混合后再放回反应器中，盖好上盖，重新启动气泵通气。

5. 稳定化判定

当堆肥温度再次上升到一定温度，之后又下降到接近环境温度时，并且进气和排气中氧浓度基本相同时，表明堆肥的好氧生物降解活动已基本结束。此时，用便携式 O/CO 测定仪测定堆肥物料的相对耗氧速率（相对耗氧速率是指单位时间内氧在气体中体积浓度的减少值，单位为 0%/min，若相对耗氧速率基本稳定在 0.02%/min 左右，说明堆肥已达稳定化。

6. 指标测定

从反应器中取出堆肥物料，测定含水率、总固体、挥发性固体、碳氮比等。

7. 结果分析

堆肥化的主要目的是使有机废弃物达到稳定化，不再对环境有污染危害，同时生产有价值的产品。因此，在堆肥结束后，需要对堆肥是否已达稳定化以及卫生安全性进行判定。堆肥稳定化常用堆肥"腐熟度"来判定。堆肥腐熟度的判定标准有多种，常见的有感观标准、挥发性固体、碳氮比、温度、化学需氧量、耗氧速率等。研究表明，这些评定指标具有一致性，即当某一指标达到稳定值时，其他指标均达自身的稳定值，因此，只需根据具体情况选择若干指标测定即可，而不需对所有指标进行测定。本实验依据感观标准和相对耗氧速率进行判定，而用总固体、挥发性固体、碳氮比作为参考指标，考察在堆肥达到稳定时，TS、VS 和 C/N 的变化情况。

堆肥的安全性主要考虑其无害化卫生要求。在此方面，我国对堆肥温度、蛔虫卵死亡率和粪大肠菌数有规定要求。但一般情况下，通过监测堆肥过程中堆肥温度的变化，保证堆肥过程中大于 55 ℃的堆温持续 5 天以上，就可灭杀大部分有害病原菌，基本满足安全卫生要求。因此，本实验通过监测堆温进行卫生安全性判定。

实验二十八　危险废物鉴别——浸出毒物鉴别实验

（一）实验目的

危险废物是指具有腐蚀性、急性毒性、浸出毒性、反应性、传染性、放射性等一种或几种危害特性的废物。浸出毒性是指固态的危险废物遇水浸沥，其中的有害物质迁移转化而污染环境的特性。生产及生活过程所产生的固态危险废物浸出毒性的鉴别方法如下：在实验室中，用蒸馏水在特定条件下对危险废物进行浸取，并分析浸出液的毒性，从而测定危险废物的浸出毒性。

通过本实验，希望达到以下目的：

（1）加深对危险废物和浸出毒性基本概念的理解；

（2）了解测定危险废物浸出毒性的方法。

（二）实验原理

汞、砷等及其化合物，铅、铬、镉、铜等重金属及其化合物等有害物质遇水后，可通过浸沥作用从危险废物中迁移转化到水溶液中。

延长接触时间、采用水平振荡器等强化可溶性物质的浸出，测定强化条件下浸出的有害物质浓度，可以表征危险废物的浸出毒性。

（三）实验装置与设备

（1）广口聚乙烯瓶：2000 mL，2 个；

（2）烘箱：1 台；

（3）电子天平：精度 0.01 g，1 台；

（4）双层回旋振荡器：1 台；

（5）原子吸收分光光度计：1 台；

（6）漏斗、漏斗架等：若干；

（7）量筒：1000 mL，1 支；

（8）微孔滤膜：45 μm，若干；

（9）定时钟：1 支。

（四）实验步骤

（1）取固体废物试样 100 g（干基）（无法采用干基的样本则先测水分加以换算），放入 2 L 具盖广口聚乙烯瓶中。

（2）另取一个 2 L 广口聚乙烯瓶，作为空白对照。

（3）将蒸馏水用氢氧化钠或盐酸调节 pH 值至 5.8~6.3，分别取 1 L 加入上述两个聚乙烯瓶中。

（4）盖紧瓶盖后固定于水平振荡器上，于室温下振荡 8 h（110 r/min，单向振幅 20 mm）。

（5）取下广口瓶静置 16 h。

（6）用 45 μm 微孔滤膜抽滤（0.035 MPa 真空度），收集全部滤液即浸出液，供分析用。

（7）用火焰原子吸收分光光度法分别测定两个广口瓶的浸出液中 Cd、Cr、Cu、Ni、Pb 和 Zn 的浓度。

（8）记录并分析整理实验结果。

（五）实验结果整理

表 4-30 为危险废物的浸出毒性实验结果。

表 4-30　浸出毒性实验结果　　　　　　　　（mg/L）

金属	Cr	Cd	Cu	Ni	Pb	Zn
空白浓度						
样本浓度						

实验二十九　危险废物中重金属含量及浸出毒性测定实验

（一）实验目的

（1）掌握危险废物中重金属含量的测定方法；

（2）掌握危险废物浸出毒性的测定方法；

（3）了解危险废物浸出毒性对环境的污染与危害。

（二）实验原理

危险废物是指列入《国家危险废物名录》或根据国家规定的危险废物鉴别标准和鉴别方法认定的具有危险特性的废物。危险废物具有毒性、腐蚀性、易燃性、反应性和感染性等一种或几种危害特性。

含有有害物质的固体废物在堆放或处置过程中，遇水浸沥，使其中的有害物质迁移转化，污染环境。浸出实验是对这一自然现象的模拟实验，当浸出的有害物质的量值超过相关法规提出的阈值时，则该废物具有浸出毒性。

浸出是可溶性的组分通过溶解或扩散的方式从固体废物中进入浸出液的过程。当填埋或堆放的废物和液体接触时，固相中的组分就会溶解到液相中形成浸出液。组分溶解的程度取决于液固相接触的点位、废物的特性和接触的时间。浸出液的组成和它对水质的潜在影响，是确定该种废物是否为危险废物的重要依据，也是评价这种废物适用的处置技术的关键因素。

（三）实验设备与试剂

（1）加热装置：板式电炉及 100 mL 瓷质坩埚；

（2）硝化试剂：浓硝酸、王水、氢氟酸、高氯酸；

（3）定容装置：50 mL 容量瓶或比色皿；

（4）浸取容器：2 L 密封塞广口聚乙烯瓶；

（5）浸取装置：频率可调的往复式水平振荡机；

（6）浸取剂：去离子水或同等纯度的蒸馏水；

（7）滤膜：0.45 μm 微孔滤膜或中速定量滤纸；

（8）过滤装置：加压过滤装置、真空过滤装置或离心分离装置。

（四）实验步骤

1. 重金属含量的测定

（1）准确称取 0.1 g 试样，置于瓷坩埚中，用少许水润湿，加入 0.5 mL 浓硝酸和王水 10 mL；

（2）将瓷坩埚置于电炉上加热，反应至冷却，使残液不少于 1 mL；

（3）将残液中再加入 5 mL HF，进行低温加热至近 1 mL；

（4）最后加入 5 mL 高氯酸加热至 1 mL；

（5）取下瓷坩埚，冷却，加入去离子水，继续煮沸使盐类溶解，再进行冷却；

（6）将最终残液移置于 50 mL 容量瓶中，水洗坩埚并将洗液一并加入硝酸至酸度为 2%，定容至刻度，用原子吸收火焰分光光度法或 ICP-AES 测试溶液中重金属 Cr、Cd、Cu、Ni、Pb 和 Zn 的浓度（M_0）。

2. 浸出毒性的测定

浸出液的制备方法根据国家标准《固体废物 浸出毒性浸出方法——水平振荡法》（GB 5086.2—1997）执行。

（1）将各危险废物样品研磨制成 5 mm 以下粒度的试样；

（2）称取 10 g 试样，置于锥形瓶中，加去离子水 100 mL，将瓶口密封；

（3）将锥形瓶垂直固定于振荡仪上，调节频率为（110±10）次/min，在室温下振荡浸取 8 h（可根据需要适当调整浸取时间）；

（4）取下锥形瓶，静置 16 h，并于安装好滤膜的过滤装置上过滤，收集全部滤出液，用原子吸收火焰分光光度法或 ICP-AES 测试溶液中重金属的浓度（M）。

根据测定的危险废物浸出液中重金属的浓度，计算得出危险废物的重金属 Cr、Cd、Cu、Ni、Pb 和 Zn 的浸出率 $\eta_{浸}$，公式为：

$$\eta_{浸} = \frac{M}{M_0} \times 100\% \tag{4-58}$$

式中 M_0——危险废物中重金属物质的浓度，mg/g；

M——危险废物浸出的重金属物质的浓度，mg/g。

（五）数据记录与分析

表 4-31 为溶液中重金属浓度测定结果，表 4-32 为浸出液中重金属浓度测定结果。

表 4-31　溶液中重金属浓度测定结果　　　　　　（mg/L）

项　　目	Cr	Cd	Cu	Ni	Pb	Zn
空白浓度						
样本浓度						

表 4-32 浸出液中重金属浓度测定结果 （mg/L）

项 目	Cr	Cd	Cu	Ni	Pb	Zn
空白浓度						
样本浓度						

（六）思考题

（1）测试危险废物的重金属浸出毒性有何意义？

（2）有哪些因素会影响危险废物的浸出率？

实验三十 固体废物热解实验

（一）实验目的

（1）了解热解的概念；

（2）熟悉污泥热解过程的控制参数。

（二）实验原理

热解是一种传统生产工艺，将木材和煤干馏后生成木炭和焦炭，用于人们的生活取暖和工业上冶炼钢铁，已经有了非常悠久的历史。随着现代工业的发展，热解技术的应用范围也在逐渐扩展，例如重油裂解生成轻质燃料油、煤炭气化生成燃料气等，采用的都是热解工艺。

热解是将有机物在无氧或缺氧状态下加热，使之成为气态、液态或固态可燃物质的化学分解过程。污泥的热解是一个非常复杂的化学反应过程，包含了大分子键的断裂、异构化和小分子的聚合等反应，最后生成较小的分子。热解反应过程可用下述通式表示：

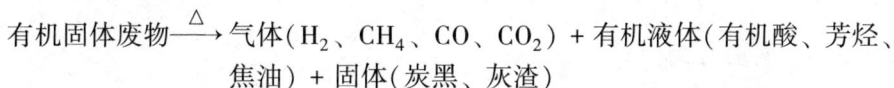

$$有机固体废物 \xrightarrow{\triangle} 气体(H_2、CH_4、CO、CO_2) + 有机液体(有机酸、芳烃、焦油) + 固体(炭黑、灰渣)$$

（三）实验设备与试剂

（1）卧式或立式热解炉；

（2）实验材料，选取城市污水处理厂的生物污泥；

（3）烘箱 1 台；

（4）漏斗、漏斗架；

（5）量筒 1000 mL 1 支；

（6）定时钟 1 只；

（7）破碎机 1 台；

（8）电子天平 1 台。

（四）实验步骤

（1）记录实验设备基本参数，包括热解炉功率、旋风分离器的型号、风量、总高、公称直径，气体流量计的量程、最小刻度；

（2）记录反应床初始温度、升温时间；

（3）记录实验数据。

（五）原始数据记录

表 4-33 为不停热解温度下产气量计算。

表 4-33　不停热解温度下产气量计算

序号	热解温度/℃				
	400	500	600	700	800
1					
2					
3					
4					
5					
6					
7					

（六）思考题

（1）固体废物热解的特点有哪些？

（2）固体废物热解的工艺有哪些类型？

（3）热解和焚烧的区别有哪些？

实验三十一　固体废物厌氧发酵实验

（一）实验目的

（1）掌握有机垃圾厌氧发酵产生甲烷的过程和机理；

（2）了解厌氧发酵的操作特点以及主要控制条件。

（二）实验原理

厌氧发酵是指在厌氧状态下利用厌氧微生物使固体废物中的有机物转化为 CH_4 和 CO_2 的过程，厌氧发酵产生以 CH_4 为主要成分的沼气。

参与厌氧分解的微生物可以分为两类，一类是由一个十分复杂的混合发酵细菌群将复杂的有机物水解，并进一步分解为以有机酸为主的简单产物，通常称为水解菌；另一类是微生物为绝对厌氧细菌，其功能是将有机酸转变为甲烷，被称为产甲烷菌。

厌氧发酵一般可以分为三个阶段：水解阶段、产酸阶段和产甲烷阶段，每一阶段各有其独特的微生物类群起作用。

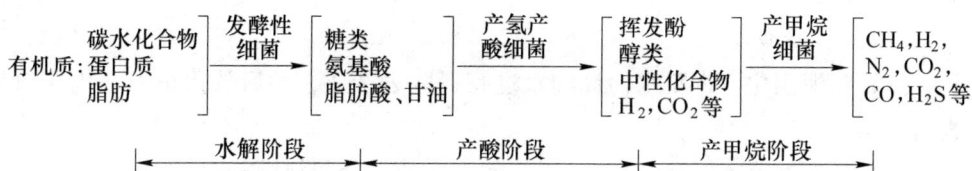

有机质：$\begin{bmatrix}碳水化合物\\蛋白质\\脂肪\end{bmatrix}$ $\xrightarrow{\substack{发酵性\\细菌}}$ $\begin{bmatrix}糖类\\氨基酸\\脂肪酸、甘油\end{bmatrix}$ $\xrightarrow{\substack{产氢产\\酸细菌}}$ $\begin{bmatrix}挥发酚\\醇类\\中性化合物\\H_2,CO_2等\end{bmatrix}$ $\xrightarrow{\substack{产甲烷\\细菌}}$ $\begin{bmatrix}CH_4,H_2,\\N_2,CO_2,\\CO,H_2S等\end{bmatrix}$

$\vdash\!\!-\!\!-$ 水解阶段 $\!\!-\!\!-\dashv\vdash\!\!-\!\!-$ 产酸阶段 $\!\!-\!\!-\dashv\vdash\!\!-\!\!-$ 产甲烷阶段 $\!\!-\!\!-\dashv$

1. 水解阶段

发酵细菌利用胞外酶对有机物进行体外酶解，使固体物质变成可溶于水的物质；然后，细菌再吸收可溶于水的物质，并将其分解为不同产物。高分子有机物的水解速率很低，它取决于物料的性质、微生物的浓度以及温度、pH 值等环境条件。纤维素、淀粉等水解成单糖类，蛋白质水解成氨基酸，再经脱氨基作用形成有机酸和氨，脂肪水解后形成甘油和脂肪酸。

2. 产酸阶段

水解阶段产生的简单的可溶性有机物在产氢和产酸细菌的作用下，进一步分解成挥发性脂肪酸、醇、酮、醛、CO_2 和 H_2 等。

3. 产甲烷阶段

产甲烷菌将第二阶段的产物进一步降解成 CH_4 和 CO_2，同时利用产酸阶段所产生的 H_2 将部分 CO_2 再转变为 CH_4。产甲烷阶段的生化反应相当复杂，其中 72% 的 CH_4 来自乙酸，主要反应有：

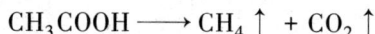

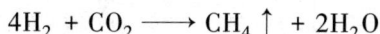

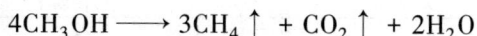

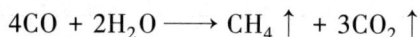

$$CH_3COOH \longrightarrow CH_4\uparrow + CO_2\uparrow$$
$$4H_2 + CO_2 \longrightarrow CH_4\uparrow + 2H_2O$$
$$4HCOOH \longrightarrow CH_4\uparrow + 3CO_2\uparrow + 2H_2O$$
$$4CH_3OH \longrightarrow 3CH_4\uparrow + CO_2\uparrow + 2H_2O$$
$$4(CH_3)_3N + 2H_2O \longrightarrow 9CH_4\uparrow + 3CO_2\uparrow + 4NH_3\uparrow$$
$$4CO + 2H_2O \longrightarrow CH_4\uparrow + 3CO_2\uparrow$$

（三）实验设备与试剂

（1）实验装置：厌氧发酵反应器；

（2）发酵原料：生活垃圾；

（3）接种：可采用活性污泥接种，取就近的污水处理厂污泥间的脱水剩余活性污泥，在培养过程中可以不添加其他培养物；

（4）TS 和 VS 的检测采用重量法；

（5）TCOD 和 SCOD 的检测采用 $K_2Cr_2O_7$ 氧化法；

（6）pH 值使用精密 pH 值计测定；

（7）甲烷和二氧化碳浓度可采用 9000D 型便携式红外线分析系统；

（8）TN 采用 TOC-V CPN 型 TOC/TN 分析仪；

（9）挥发性脂肪酸，以乙酸计，采用滴定法。

（四）实验步骤

（1）污泥驯化：将脱水污泥加水过筛以除去杂质，然后放入恒温室内厌氧驯化一天。

（2）按实验要求配制好有机垃圾的样品放置于备料池中备用。

（3）将培养好的接种污泥投入反应器，采用有机垃圾和污泥之比为 1∶1 的混合物料。用 CO_2 和 N_2 的混合气通入反应器底部 2~3 min，以吹脱瓶中剩余的空气。立即将反应器密封，将系统置于恒温中进行培养。恒温系统温度升至 35 ℃ 时，测定即正式开始。

（4）记录每日产气量以及相关参数，直到底物 VFA 的 80% 已被利用。

（5）为了消除污泥自身消化产生甲烷气体的影响，需作空白实验，空白实验是以去离子水代替有机垃圾，其他操作与活性测定实验相同。

（6）分别设置不同的反应温度，以及不同的有机垃圾与活性污泥的配比参考不同温度对厌氧发酵产甲烷的影响。

（五）原始数据记录

表 4-34 是有机垃圾厌氧发酵产甲烷实验记录。

表 4-34　有机垃圾厌氧发酵产甲烷实验记录

序号	有机负荷/$m \cdot s^{-1}$	日产气量/$m \cdot s^{-1}$	甲烷含量/g	pH 值

实验三十二　原子吸收光谱法测定固体废物中的部分金属含量

（一）实验目的

随着世界经济的飞速发展，固体废物的产量与日俱增，但世界上废物再利用技术尚不能满足要求，处理技术极为有限，使得有害废物的污染问题越来越严重。金属尤其是重金属是固体废物中一种不易降解、不能被生物利用、危害性大的污染物，固体废物中的金属污染物主要有砷、镉、铬、铜、铅、汞、镍、锌等。采矿、冶炼、化工、电镀等工业部门排放的废渣、含金属农药的大量施用、污水灌溉等都会造成金属污染。原子吸收分光光度法也称原子吸收光谱法

（AAS），简称原子吸收法。该方法具有测定快速、干扰少、应用范围广、可在同一试样中分别测定多种元素等特点。本实验以原子吸收光谱法测定固体废物中的镉、铅、铜、锌含量为例，通过本实验达到以下要求：

（1）掌握测定固体废物中重金属时固体废物样品的预处理方法；

（2）掌握原子吸收法的基本原理和原子吸收分光光度计的操作；

（3）了解原子吸收法测定重金属的相关方法；

（4）了解固体废物中重金属的来源、迁移转化规律及其危害性。

（二）实验方法

直接吸入火焰原子吸收分光光度法，测定固体废物中的镉、铅、铜、锌含量。

（三）实验原理

火焰原子吸收分光光度法是根据某元素的基态原子对该元素的特征谱线产生选择性吸收来进行测定的分析方法。将试液直接吸入火焰，在空气-乙炔火焰中，镉、铅、铜、锌的化合物解离为基态原子，并对空心阴极灯的特征辐射谱线产生选择性吸收。在给定条件下，测定镉、铅、铜、锌的吸光度。本实验适用于固体废物浸出液中镉、铅、铜、锌含量的测定，定量范围分别为镉 $0.03 \sim 1.0$ mg/L、铅 $0.30 \sim 10$ mg/L、铜 $0.08 \sim 4.0$ mg/L、锌 $0.05 \sim 1.0$ mg/L。

（四）实验仪器

（1）广口聚乙烯瓶（$\phi130$ mm×160 mm，2 L，具盖）；

（2）水平往复振荡器，用于制备固体废物浸出液；

（3）微孔滤膜，0.45 μm；

（4）原子吸收分光光度计；

（5）镉、铅、铜、锌空心阴极灯；

（6）乙炔钢瓶或乙炔发生器；

（7）压缩机，应备有过滤装置，除去油、尘和水汽；

（8）容量瓶、烧杯等玻璃仪器［实验用的玻璃器皿用洗涤剂洗净后，在硝酸溶液（1+1）中浸泡，使用前用水洗净］。

（五）实验试剂

（1）硝酸（HNO_3），$\rho = 1.42$ g/mL，优级纯；

（2）硝酸（1+1）；

（3）0.2%硝酸；

（4）0.4%硝酸；

（5）金属标准贮备液（1.000 g/L）：分别称取 1.0000 g 金属镉、铅、铜、锌（分析纯），用 20 mL 硝酸（1+1）溶解后，用水定容至 1000 mL；

（6）金属混合标准溶液：用镉、铅、铜、锌的标准贮备液和0.2%硝酸配制成含镉10.0 mg/L、铅40.0 mg/L、铜20.0 mg/L、锌10.0 mg/L的混合标准溶液；7.1%抗坏血酸，用时现配。

（六）实验步骤

1. 浸出液制备

（1）准确称取100.00 g（干基）试样（无法采用干基质量的样品则先测水分加以换算），置于浸出容积为2 L的具盖广口聚乙烯瓶中，加蒸馏水1 L（先用氢氧化钠或盐酸调节pH值至5.8~6.3）；

（2）将聚乙烯瓶垂直固定在水平往复振荡器上，调节振荡频率为（110±10）次/min，振幅40 mm，在室温下振荡8 h后静置16 h；

（3）通过0.45 μm滤膜过滤，滤液备用，浸出液如不能很快进行分析，应加硝酸至1%，时间不要超过一周。

2. 测定分析

（1）仪器准备。不同型号的仪器操作方法有所不同，要遵循制造厂家的说明指南，主要操作如下：

1）把测定元素对应的空心阴极灯装在灯架上，选择需要的波长，按说明书选好狭缝位置。

2）接通仪器电源，预热仪器，直到空心阴极灯发射稳定。这个时间一般需要10~30 min，双光束仪器的预热时间可以缩短，然后调节灯电流到规定值。

3）启动空气气源，调节压力和流量达到规定值。然后打开乙炔气源，调节压力和流量达到规定值。

4）点燃火焰并立即用去离子水喷雾以清洗燃烧器。一般仪器工作条件见表4-35。

表4-35 一般仪器工作条件

元　　素	镉	铅	铜	锌
测定波长/nm	220.8	283.3	324.7	213.8
通带宽度/nm	1.3	2.0	1.0	1.0
火焰类型	空气-乙炔	空气-乙炔	空气-乙炔	空气-乙炔
火焰性质	氧化型	氧化型	氧化型	氧化型

（2）校准曲线的绘制。分别向6个已编号的50mL容量瓶中，按顺序加入金属混合标准溶液0.00 mL、0.50 mL、1.00 mL、2.00 mL、3.00 mL、5.00 mL（配制至少4个工作标准溶液，其浓度范围应包括试样中镉、铅、铜、锌的浓度），用0.2%硝酸稀释混合标准溶液，定容至标线，摇匀。此标准系列所含金属量见表4-36。

表 4-36 标准系列配制和浓度

混合标准液加入体积/mL		0	0.50	1.00	2.00	3.00	5.00
工作标准溶液浓度 /μg·mL^{-1}	Cd	0	5.00	10.00	20.00	30.00	0.00
	Pb	0	20.00	40.00	80.00	120.00	200.00
	Cu	0	10.00	20.00	40.00	60.00	100.00
	Zn	0	5.00	10.00	20.00	30.00	50.00

按所选的仪器工作参数调好仪器，用0.2%硝酸调零后，由低浓度到高浓度按顺序测量每份溶液的吸光度。分别以吸光度为纵坐标，以相对应金属的质量为横坐标绘制标准曲线。

（3）空白和试样的测定。同标准溶液的测定，以蒸馏水为空白溶液，分别测定空白和试样的吸光度。在测定试样过程中，要定时复测空白和工作标准溶液，以检查基线的稳定性和仪器的灵敏程度是否发生了变化。根据扣除空白后试样的吸光度，从相应的标准曲线查出试样中镉、铅、铜、锌的含量。

3. 实验结果计算

固体废物中金属（镉、铅、铜、锌）含量（质量分数）按下式计算。

$$w = m \times (V_0/V)/M \tag{4-59}$$

式中　m——被测试样中金属离子的质量，μg；

　　V_0——制样时定容体积，mL；

　　V——测定所取试样的体积，mL；

　　M——固体废物试样质量（干基），g。

4. 实验结果分析

固体废物中重金属测定实验结果记录见表4-37。

表 4-37 原子吸收法测定固体废物中重金属实验记录

实验时间：　　　实验地点：　　　固体废物试样质量：　　g　固体废物浸出液体积：　　mL

实验编号	1	2	3
测定波长/nm			
浸出液取样体积/mL			
定容体积/mL			
空白溶液吸光度			
被测试样吸光度			
被测金属含量/mg·g^{-1}			
固体废物中金属含量平均值/mg·g^{-1}			

（七）讨论

（1）固体废物中金属的来源及存在形态有哪些？

（2）固体废物中的金属对环境有何潜在危害？

（3）根据原子化方式不同，原子吸收光谱法可分为哪几类？

（4）在使用空气-乙炔火焰时应注意什么问题？

（5）试样中可能存在何种干扰，对结果有何影响，如何消除？

实验三十三　工业废渣渗沥模型实验

（一）实验目的

掌握工业废渣渗沥液的渗沥特性和研究方法。

（二）实验原理

实验采用模拟的手段，设计装配好渗沥模型试验装置，在试验装置填装经粉碎的固体废渣，以一定的流速滴加蒸馏水；从测定渗沥水中有害物质的流出时间和浓度变化规律，推断固体废物在堆放时的渗沥情况和危害程度。

（三）实验用品

由学生自行列出所需仪器、药品、材料的清单，经指导老师同意，即可进行实验。

（四）实验内容

将去除草木、砖石等异物的含镉（或铬、锌等）工业废渣置于阴凉通风处，使之风干。压碎后，用四分法缩分，然后通过 0.5 mm 孔径的筛，制备样品量约 1000 g，装入试验装置，约高 200 mm。用蒸馏水以 4.5 mL/min 的速度通过试验装置后进行收集，待滤液收集至 400 mL 时，摇匀滤液，取适量样品按水中镉（或铬、锌等）的分析方法，测定镉（或铬、锌等）的浓度。同时，测定废渣中镉（或铬、锌等）的含量。

（五）讨论

（1）进行工业废渣渗沥试验，对工业废渣的处置有何现实意义。

（2）根据测定结果推算，如果这种废渣堆放在河边土地上可能产生什么后果，这类废渣应如何处置？

实验三十四　污泥的脱水实验

（一）实验目的

污水处理过程中，会产生大量的污泥，其数量占处理水量的 0.3% ~ 0.5%（含水率为 97% 计）。污泥脱水是污泥减量化中最为经济的一种方法，是污泥处理工艺中的一个重要环节，其目的是去除污泥中的空隙水和毛细水、降低了污泥的含水率，为污泥的最终处置创造条件。本实验通过对活性污泥脱水，主要达到以下目的：

（1）了解影响污泥脱水的主要因素；

（2）掌握污泥脱水的基本方法和相关操作。

（二）实验原理

（1）污泥脱水性能的评价指标：过滤比阻抗值和毛细吸水时间是被广泛用作衡量污泥脱水性能的两项指标。然而，这两项指标考虑的只是污泥的过滤性（有些污泥的过滤性虽很好，却仍有大量的水残留在污泥中），污泥脱水效果由其脱水速率和最终可脱水程度两方面决定，因此还需考察脱水后泥饼的含固率这项指标。为了直接反映污泥的离心性，可以用离心后上清液的体积、离心后上层清液的浊度这两个指标来衡量污泥的脱水性能，但这两个指标目前还没有标准的测试方法。

（2）污泥脱水性能的因素影响：污泥脱水性能的因素很多，包括污泥水分的存在方式和污泥的絮体结构（粒径、密度和分形尺寸等），ξ 电势能、pH 值以及污泥来源等。污泥颗粒因富含水分，拥有巨大表面积和高度亲水性。结合水与固体颗粒之间存在着键结，活性较低，需借助机械力或化学反应才能除去。污泥粒径是衡量污泥脱水效果最重要的因素，一般来讲，细小污泥颗粒所占比例越大，脱水性能就越差。污泥密度是描述污泥质量与体积关系的参数，污泥密度有两种表达方式：一种为颗粒密度，用于描述污泥颗粒群体的质量与体积之比。其中，容积密度是指单位体积污泥的质量，由于压实和有机物的降解作用，因此沉积时间越长的污泥，致密度高、容积密度大。分形尺寸是絮体结构量化的表示，用以描述颗粒在团块中的集结方式，与粒径成正比关系。分形尺寸越大（最大值为 3），絮体集结地越紧密，也就越容易脱水。污泥的 ξ 电势能越高，对脱水越不利。酸性条件下，污泥的表面性质会发生变化，其脱水性能也随之发生变化。研究发现，pH 值越低，则离心脱水的效率越高。对于过滤脱水，当 pH 值为 2.5 时，能得到含固率最高的泥饼。不同来源的污泥，组成成分不同，脱水性能也不同。如：初沉污泥，主要由有机碎屑和无机颗粒物组成，剩余污泥则是由多种微生物形成的菌胶团与其吸附的有机物和无机物等组成的集合体；活性污泥是由有机颗粒包括平均颗粒小于 0.1 μm 的胶体颗粒、0.1~100 μm 之间的超胶体颗粒及由胶体颗粒聚集的大颗粒等组成的，所以阻值越大，脱水越困难。

（3）污泥脱水处理新技术：通过添加改良剂，在降低污泥含水量的同时，提高污泥的其他性能，从而便于后期处理。添加矿化垃圾、粉煤灰和建筑垃圾等改性剂后，污泥含水率降低，抗压力强度、渗透性能、密实度和压缩性均有改善。改性剂对污泥臭味的改善作用，粉煤灰的最好，矿化垃圾次之，建筑垃圾较差。

要达到改性后污泥的臭度降低到三级及以下，所需添加的粉煤灰矿化垃圾、建筑垃圾的最低比例分别为 3 : 10、4 : 10 和 7 : 10。综合比较改性剂对污泥的抗压和抗剪强度、渗透性能和臭度等工程性质的改善情况，以粉煤灰的效果最好，使用的最低比例最小，建筑垃圾次之，矿化垃圾最差。

（三）　实验设备与材料

污泥取自污水处理厂的浓缩污泥调蓄罐，实验前测定污泥试样的 pH 值以及含水率。酸处理药剂选用硫酸、配制成 10%（质量分数）待用，调 pH 值所用的碱是氢氧化钠、氢氧化钙、氧化钙。氢氧化钠配制成 30%（质量分数）的溶液，氢氧化钙、氧化钙配制成 10%（质量分数）的溶液待用。有机絮凝剂为一种阳离子 PAM，离子度 40%，相对分子质量 800 万~900 万。主要仪器：离心脱水装置可选择低速离心机，酸度计。

（四）　实验步骤

离心脱水实验：将 100 mL 浓缩污泥加到 250 mL 烧杯中，加定量的硫酸酸化，快速搅拌 30 s，慢速搅拌 2 min，酸化时间 5 min；为了防止对设备的腐蚀，加碱（实验中可选用氢氧化钠、氢氧化钙或氧化钙）调 pH 值至 6；再加阳离子 PAM 使污泥形成矾花，酸化及絮凝反应均在烧杯中进行。将预处理好的污泥分成 2 份，分别转入 100 mL 离心管中，在 1500 r/min 和 3800 r/min 下离心 2 min 和 30 min，小心倾倒去除上清液（避免使固体再悬浮），取泥饼（2±0.1）g（准确记录质量），放入预先已经干燥恒重的称量瓶中，放在 105 ℃的干燥箱中恒重（2 次称量误差小于 0.0005 g），计算含固率。

（五）　实验讨论

（1）酸处理对污泥离心脱水性能的影响？

（2）离心机的使用要注意哪些重要操作规程？

第三节　产教融合实验

实验三十五　电化学法回收有价金属实验

（一）　实验目的

通过本实验了解用电化学法从废杂铜或废镀铜件中回收有价金属铜的方法和原理以及影响因素，掌握电流效率和电能消耗的测试和运算以及电化学法操作的基本技能。

（二）　基本原理

本实验的实质是以废杂铜或废镀铜件装入电解槽中作为阳极，以铜片或不锈钢薄片作为阴极，以硫酸水溶液为电解液。在直流电的作用下，即发生电化学作用，在一定的条件下，使阳极上的铜溶解进入溶液，然后在阴极铜离子不断获得电子而被还原成铜原子析出金属铜。

根据电离理论，电解液未通电时，按下列反应生成离子，并处于动态平衡：

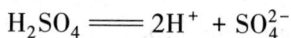

$$H_2SO_4 \Longrightarrow 2H^+ + SO_4^{2-}$$

$$H_2O \Longrightarrow H^+ + OH^-$$

但是，在直流电通过电极和溶液的情况下，各种离子做定向运动，在阳极上可能发生下列反应：

$$Cu - 2e^- \Longrightarrow Cu^{2+}$$

$$2OH^- - 2e^- \Longrightarrow H_2O + \frac{1}{2}O_2$$

$$SO_4^{2-} - 2e^- \Longrightarrow SO_3 + \frac{1}{2}O_2$$

在一定条件下，由于 OH^- 和 SO_4^{2-} 的标准电位相差很大，故不能在阳极上放电，而仅发生 $Cu-2e^-\Longrightarrow Cu^{2+}$ 的反应，即铜在阳极上溶解为铜离子的反应。

在阴极上，由于电解溶液有足够的铜离子浓度和氢具有很大超电压，故在阴极上也只能发生 Cu^{2+} 的放电而析出铜的过程：

$$Cu^{2+} + 2e^- \longrightarrow Cu$$

（三）实验仪器设备及其连接

实验的主要仪器设备有电解槽、整理器、电流表、电压表，实验装置如图 4-10 所示。

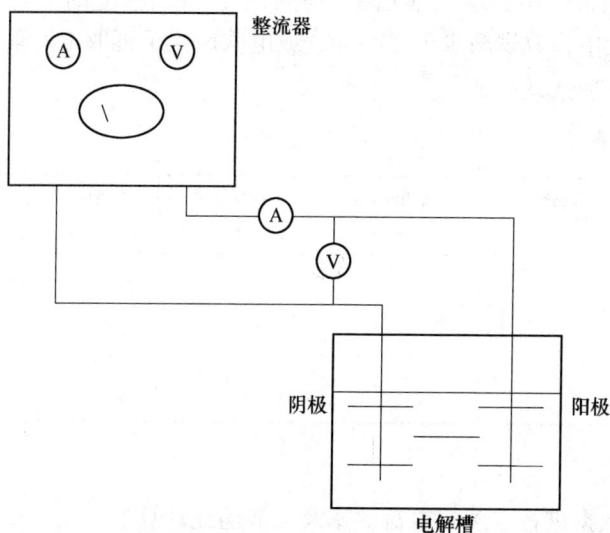

图 4-10　实验装置示意图

（四）控制条件

（1）电解液：含 H_2SO_4 的硫酸铜溶液，200~300 g/L；

（2）添加剂：NaCl，5 mL/L；

（3）电解温度：50~55 ℃；

（4）阳极电流密度：3.50~7.30 A/dm²。

根据确定的电流密度可计算出电解时的电流强度：

$$I = D \times F \tag{4-60}$$

式中　I——电流强度，A；

　　　D——阳极电流密度，A/dm²；

　　　F——阳极的有效面积，dm²。

（5）极间距离：2.5 mm。

（五）实验步骤

（1）将配制好的电解液倒入电解槽。

（2）将不锈钢或铜阴极置于天平称重，记下质量，然后将阴极和阳极装入电解槽。

（3）按图 4-10 连接仪器设备，经教师检查符合要求后，则可接通电源进行电解，用旋钮将电流强度调控制在计算确定值内。同时，记下电解时间、槽电压、电解液温度。

（4）在实验正常进行中，每隔 5 min 移动一次阳极，然后调整电流强度使其不变，再记下槽电压。电解进行到阳极上的铜大部分溶出后实验结束。

（5）取出阴极，小心地浸泡在一杯清水中，待阴极上的电解液洗下后，立即置阴极于瓷盘中，放烘箱烘干 20 min，或电吹风吹干再取出称重。

（六）实验记录及计算

1. 实验记录

时间 /min	电流强度 /A	槽电压 /V	电解液温度 /℃	电解前阴极质量 /g	电解后阴极质量 /g

2. 实验计算

根据实验数据进行电解的电流效率及电能消耗计算。

（1）电流效率计算公式如下：

$$\eta_i = \frac{m}{I \cdot t \cdot q} \times 100\%$$　　　　　　（4-61）

式中　η_i——阴极电流效率,%;

　　　m——沉积在阴极上的铜质量, g;

　　　I——电解槽的电流强度, A;

　　　t——电解时间, h;

　　　q——二价铜的电化当量, 为 1.186 g/(A·h)。

（2）电能消耗计算公式如下:

$$W = \frac{V \cdot I \cdot t}{m} \times 1000$$　　　　　　（4-62）

式中　W——电能单耗, kW/t 铜;

　　　I——电解槽的电流强度, A;

　　　t——电解时间, h;

　　　m——沉积在阴极上的铜质量, g;

　　　V——平均槽电压, V。

（七）实验报告要求

（1）根据实验结果, 计算电流效率及电能消耗;

（2）简述影响电流效率和电能消耗的主要因素。

实验三十六　钢渣用作印染废水处理的吸附剂

（一）实验目的

印染废水是指棉、毛、麻、丝、化纤或混纺产品等在预处理、染色、印花和整理等过程中排出的废水, 具有成分复杂、毒性强、色度深、无机盐和有机物浓度高、难以生化降解等特点。近年来, 吸附法处理印染废水在新型吸附剂的开发、吸附处理工艺和机理等方面开展了广泛深入的研究。钢渣是炼钢过程中产生的固体废物, 数量较大, 由于其特殊的结构和成分, 因此具有良好的过滤性能和吸附作用, 对许多有害离子、杂质颗粒、溶解性有机物有良好的吸附作用, 可用于印染废水的处理, 通过"以废治废"实现良好的环境效益。

本实验测定振荡器转速、吸附时间、溶液 pH 值、温度、固液比等因素对钢渣吸附效果的影响, 并绘制吸附等温曲线。

通过本实验希望达到以下目的:

（1）初步了解钢渣吸附剂处理印染废水的原理和作用效果;

（2）了解和熟悉各种因素对钢渣吸附处理印染废水效果的影响。

（二）实验原理

由于钢渣受到炼钢炉、炉料来源及操作条件等方面影响, 因此它的性质变化很大，各钢铁厂的钢渣性质也有显著差异，但同一类型钢渣还是存在着相似点。纺织印染行业是重污染行业，分散染料、还原染料、硫化染料、冰染料及分子量较大的部分水溶性染料废水都可以采用混凝法进行脱色处理，其效果较好。但对于分子量较小的水溶性染料，如酸性、活性、阳离子型等的染料废水，进行脱色处理。钢渣的主要矿物组成一般为：C_2S、C_3S、C_3MS_2、CSH、RO 相和金属铁等。钢渣的矿物组成决定了钢渣具有一定的胶凝性（主要源于其中一些活性胶凝矿物的水化）。同时，由于其特殊的结构和成分，具有良好的过滤性能和吸附作用，对许多有害离子，如重金属离子（镍、铬、砷、铜、铅等）、杂质颗粒、溶解性有机物有良好的吸附作用。

（三）　实验仪器和试剂

1. 主要实验仪器

（1）UV755B 紫外可见分光光度计；

（2）THZ-22（82 型）回旋台式恒温振荡器；

（3）TDL-5 离心机（转速 0~5000 r/min）；

（4）PHS-25A 数字酸度计；

（5）FA2004N 电子天平；

（6）250 mL 锥形瓶、1000 mL 容量瓶若干。

2. 实验试剂

（1）实验中活性翠蓝 K-GL、NaOH 等化学药品均为分析纯，实验用水为蒸馏水。

（2）活性翠蓝 K-GL 浓度-吸光度标准曲线：分别准确称取 0.5 mg、1.0 mg、2.0 mg、4.0 mg、6.0 mg、8.0 mg、10.0 mg、12.0 mg 的活性翠蓝 K-GL 分析纯，依次加入做好标记 1 号~8 号并清洗干净的 8 个 100 mL 容量瓶中，分别加入蒸馏水，充分溶解并定容至 100 mL。则标号 1 号~8 号的 8 个容量瓶中活性翠蓝 K-GL 浓度依次为 5 mg/L、10 mg/L、20 mg/L、40 mg/L、60 mg/L、80 mg/L、100 mg/L、120 mg/L。用分光光度计测其吸光度，绘制活性翠蓝 K-GL 浓度-吸光度标准曲线（活性翠蓝 K-GL 在 670 nm 处有最大吸收，它在浓度较低时遵守朗伯-比尔定律，其浓度与吸光度成正比）。

（3）100 mg/L 活性翠蓝 K-GL 溶液：准确称取 100.0 mg 活性翠蓝 K-GL 分析纯，并移至 1000 mL 容量瓶中，加入蒸馏水溶解，翻转摇匀并定容至 1000 mL 备用。

（四）　实验步骤

本实验测定振荡器转速、吸附时间、溶液 pH 值、温度、固液比等因素对吸附效果的影响，并绘制吸附等温曲线。

（1）称取 1 g 钢渣加入 250 mL 锥形瓶中，然后加入 100 mL 100 mg/L 活性翠蓝 K-GL 溶液，调整振荡器转速为 120 r/min，温度 300 ℃，振荡吸附 20 min，取样；样品经离心机 4000 r/min 离心 10 min，测定溶液的吸光度。根据吸附前后溶液浓度的变化计算出脱色率。然后，改变转速为 150 r/min、180 r/min、210 r/min、240 r/min，其他条件不变，分别测定脱色率，确定适宜的振荡转速（下面实验若无特别说明，均采用该振荡转速）。

钢渣吸附剂脱色率按下式计算：

$$脱色率 = \frac{C_0 - C}{C_0} \times 100\% \qquad (4\text{-}63)$$

式中 C——吸附染料后溶液的浓度（或吸光度）；

C_0——吸附染料前溶液的浓度（或吸光度）。

（2）称取 1 g 钢渣加入 250 mL 锥形瓶中，然后加入 100 mL 100 mg/L 活性翠蓝 K-GL 溶液，在步骤（1）选定的适宜转速下，在振荡吸附时间为 10 min、20 min、40 min、60 min、80 min、100 min、120 min、140 min、160 min、180 min 时，分别取样离心（4000 r/min，离心 10 min），测定样品溶液的吸光度，计算脱色率，确定适宜的振荡吸附时间。

（3）取干净的 250 mL 锥形瓶 6 个，分别加入 100 mL 100 mg/L 活性翠蓝 K-GL 溶液，用 NaOH 调 pH 值分别为 7、8、9、10、11、12，然后分别加入 1 g 钢渣，其他实验条件相同，测定不同 pH 值条件对钢渣吸附剂脱色效果的影响。

（4）取干净的 250 mL 锥形瓶 4 个，各加入 100 mL 100 mg/L 活性翠蓝 K-GL 溶液，然后分别加入 1 g 钢渣，调整实验溶液温度分别为 20 ℃、30 ℃、40 ℃、50 ℃，其他实验条件相同，测定不同温度对钢渣吸附剂脱色效果的影响。

（5）取干净的 250 mL 锥形瓶 6 个，各加入 100 mL 100 mg/L 活性翠蓝 K-GL 溶液，然后称取质量为 0.5 g、1.0 g、1.5 g、2.0 g、2.5 g、3.0 g 钢渣，分别加入这 6 个锥形瓶内，吸附时间 20 min，其他实验条件相同，测定固液比值不同时的钢渣吸附剂脱色效果。

（6）在 30 ℃ 条件下，取干净 1000 mL 容量瓶 6 个，配制浓度分别为 50 mg/L、100 mg/L、150 mg/L、200 mg/L、250 mg/L、300 mg/L 活性翠蓝 K-GL 溶液。然后，取干净的 250 mL 锥形瓶 6 个，分别加入 100 mL 不同浓度的活性翠蓝 K-GL 溶液，再称取 1 g 钢渣 6 份，分别加入这 6 个锥形瓶内，振荡吸附24 h，静置 4 h 至吸附达到平衡，取样离心分离，测定离心液的吸光度，计算吸附量 Q，绘制吸附等温曲线。

（五）注意事项

（1）由于钢渣受到炼钢炉、炉料来源及操作等方面影响，因此它的性质变化很大，实验选用不同种类的钢渣对实验结果有一定的影响。

（2）本实验旨在加深学生对以废治废、变废为宝的认识，实验量较大，根据课时可安排选做。

（六）实验结果

记录实验测得的各项数据并进行数据整理。

（七）实验结果讨论

（1）钢渣作为印染废水吸附剂时，振荡器转速、吸附时间、溶液 pH 值、温度、固液比等因素对吸附效果各有什么影响，其他影响因素有哪些？

（2）吸附等温曲线在工程实际中有何指导作用？

实验三十七　炼钢厂含锌烟尘的处理及锌资源回收

（一）实验目的

炼钢厂烟尘中一般除含铁元素外，还含有锌、铅、镉、氯等杂质元素。很多炼钢厂烟尘中的锌含量较高（达 15%～35%）。在高品位锌金属矿产资源日益枯竭的今天，将这部分锌回收利用对于炼钢厂烟尘的处理具有重要意义，既变废为宝，充分回收了宝贵的金属资源锌，同时也避免了烟尘填埋或弃置造成的环境污染，实现了废物资源化和无害化处理。

本实验主要测定烟尘中锌的品位以及碱法浸取过程中各操作因素对锌浸取率的影响。

通过本实验希望达到以下目的：

（1）了解炼钢厂烟尘的基本组成及所含金属元素的主要存在形态；

（2）比较酸法和碱法在浸取过程中的异同及各自优缺点，了解碱法浸取过程中影响浸取率的各种因素。

（二）实验原理

对于炼钢厂含锌烟尘，与酸法浸取不同，在碱浸过程中，锌进入溶液。若烟尘中的铅含量较高则也进入溶液，而其他杂质金属元素绝大部分仍停留在残渣中；净化时，将铅及其他微量溶解的金属从滤液中去除，得到富含锌的碱性溶液，同时得到铅渣（可回收铅）；通过电解工艺精制锌粉，工艺流程如图 4-11 所示。

本实验包括三个部分：烟尘中锌含量的测定，碱浸取、浸出液中锌含量的测定。后续浸出液中锌与铅等杂质金属的分离、电解制锌等操作，感兴趣的同学可选做。

（三）实验仪器和试剂

1. 主要实验仪器

（1）CJJ-6 六联磁力搅拌器；

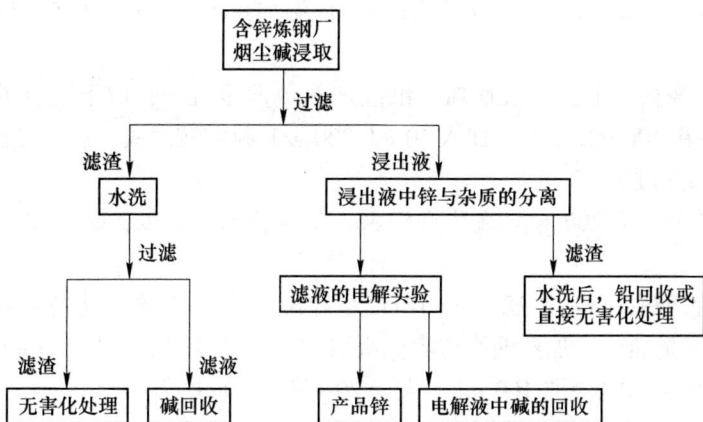

图 4-11　烟尘的碱浸取与锌粉制备工艺流程

（2）TDL-5 离心机，转速 0～5000 r/min；

（3）PHS-25A 数字酸度计；

（4）FA2004N 电子天平；

（5）250 mL 锥形瓶、1000 mL 容量瓶及烧杯等若干。

2. 实验试剂

（1）二甲酚橙指示剂：0.5% 二甲酚橙溶液。

（2）乙酸-乙酸钠缓冲溶液（pH 值为 5～6）：称取 150 g 三水乙酸钠（分析纯）于 250 mL 烧杯中，加 10 mL 冰醋酸，加蒸馏水溶解。移至 1000 mL 容量瓶中，翻转摇匀，定容待用。

（3）锌标准溶液（溶液中含锌 1.0 mg/mL）：准确称取 1.0000 g 金属锌（99.99%）于 400 mL 烧杯中，加 30 mL（1+1）盐酸，加热溶解，冷却后移入 1000 mL 容量瓶中，翻转摇匀，定容待用。

（4）EDTA 标准溶液 $[c(EDTA) \approx 0.015 \text{ mol/L}]$：准确称取 5.7000 g 的 EDTA 二钠盐于 250 mL 烧杯中，温热溶解，冷却后移入 1000 mL 容量瓶中，翻转摇匀，定容待用。

EDTA 的标定：准确量取 25.0 mL 锌标准溶液于 250 mL 烧杯中，加 1～2 滴二甲酚橙指示剂，用氨水（1+1）和盐酸（1+1）调至溶液出现橙色（pH 值为 3～3.5），加 10 mL 乙酸-乙酸钠缓冲溶液，用 EDTA 标准溶液滴定至呈现亮黄色，即为终点。注意：标定时须作空白试验。

（四）实验步骤

1. 烟尘中锌含量的测定

（1）准确称取 0.2000～0.50008 g 烟尘试样（粒径小于 1 mm）于 250 mL 烧

杯中，加15~20 mL 浓 HNO_3（分析纯），低温加热5~6 min，稍热加0.5~1.5 g 氯酸钾。

（2）在烧杯口上盖一表面皿，继续加热蒸发至近干，取下烧杯并加蒸馏水使体积保持在100 mL 左右，加入10 mL 300 g/L 硫酸铵溶液，加热煮沸，用氨水（1+1）中和并过量15 mL。

（3）加10 mL 200 g/L 氟化钾溶液，加热煮沸1 min。取下加5 mL 氨水，10 mL乙醇。

（4）待溶液冷却后过滤，并用蒸馏水冲洗滤渣2~4 次，将滤液和洗渣液移入250 mL 容量瓶中，加蒸馏水定容。吸取50 mL 或100 mL 于250 mL 锥形瓶中（若锌品位小于20%吸取100 mL，大于20%则取50mL）。

（5）低温下加热驱尽氨气。

（6）加少许水，加入0.5 g 硫代硫酸钠、0.5 g 硫氰酸钾、0.1 g 亚硫酸钠、0.1 g 硫脲和0.2 g 抗坏血酸等掩蔽剂。加1~2滴二甲酚橙指示剂，用盐酸（1+1）及氨水（1+1）调至溶液出现橙色。

（7）加入10 mL 乙酸-乙酸钠缓冲溶液，用 EDTA 标准溶液滴定至溶液呈现亮黄色，即为终点。记录滴定终点时共消耗的 EDTA 标准溶液的量，则烟尘样品中的锌含量（即锌的品位），计算公式如下：

$$w(\%) = 5FV/m \quad [若步骤(4)中取 50 \text{ mL 滤液}] \tag{4-64}$$

$$w(\%) = 2.5FV/m \quad [若步骤(4)中取 100 \text{ mL 滤液}] \tag{4-65}$$

式中　F——与1.0 mL EDTA 标准溶液相当的以克表示锌的质量，g；

　　　V——滴定时消耗 EDTA 标准溶液的体积，mL；

　　　m——称取试样质量，g。

2. 碱浸取过程

（1）准确称取10.0000 g 烟尘样品（粒径应小于1 mm）至250 mL 锥形瓶中，加入20~25 g NaOH 分析纯，然后加入70 mL 蒸馏水。

（2）在瓶口放置小漏斗（起冷凝回流作用），置于磁力搅拌器上加热并均匀搅拌1~1.5 h（温度70~90 ℃，搅拌速度300~900 r/min）后，停止加热搅拌。

（3）将混合液移至离心管中进行离心分离（转速5000 r/min，10 min）。注意：冲洗小漏斗和锥形瓶的蒸馏水也应加入混合液中。

（4）离心结束后，将上清液移至250 mL 容量瓶中，过滤沉淀物并用蒸馏水冲洗滤渣和离心管，将冲洗液一并移入250 mL 容量瓶中，加蒸馏水翻转摇匀定容至250 mL，从容量瓶中取50 mL 溶液进行分析。

3. 浸出液中锌含量的测定

（1）测定溶液中锌含量的方法同上。

（2）采用碱法浸取时，浸出率计算公式如下：

$\Phi = 5 \times EDTA$ 用量 $\times$ EDTA 对应的锌浓度（即锌的每毫升质量）/ 矿样锌含量

　　= 溶液中锌质量 /（矿样质量 $\times$ 矿品位）　　　　　　　　　(4-66)

（五）注意事项

（1）测定烟尘中锌含量时，若试样中含有有机物，可在试样分解完成后加硝酸-硫酸（1+1）冒烟赶尽。

（2）必须认真调整 pH 值，否则会影响终点观察。

（六）实验结果

观察实验现象，记录实验数据并进行整理分析。

（七）实验结果讨论

（1）酸浸和碱浸过程有什么区别，各有什么优缺点？

（2）碱浸时，浸出效率与哪些因素有关，怎样提高浸出效率？

实验三十八　废酸渣和废碱渣的中和处理

（一）实验目的

在石油加工、石油化工及煤焦油化工过程中都有废酸渣生成。酸渣的主要成分为硫酸、有机酸和油类等，这些酸渣大部分被作为危险废物进行处理，或直接作燃料燃烧。酸渣含有磺化物、硫化物和氮化物等有害物质，长期堆放，既占用大量的土地，影响景观，又严重污染周边的大气环境，危害人们的健康。

在氨碱法制碱过程中，为了分解 NH_4Cl，使氨能循环使用，在系统中加入石灰乳进行蒸氨，此过程生成的碱渣从蒸馏塔底排出。该碱渣的组成主要取决于制碱原料（石灰石及海盐）的成分，但各碱厂碱渣的主要成分基本类似，其典型化学组成见表 4-38。

表 4-38　碱渣（干基）的化学成分含量　　　　　　　　　　（%）

成分	$CaCO_3$	$CaSO_4$	$CaCl_2$	CaO	NaCl	Al_2O_3	Fe_2O_3	SiO_2	$Mg(OH)_2$	H_2O
含量	45.6	3.9	10.5	10.3	2.7	3.0	0.7	7.8	9.0	6.3

由表 4-38 可知，碱渣中以钙盐为主要组分，除 $CaCO_3$ 外，还有 $CaCl_2$、$CaSO_4$、CaO 和 $Ca(OH)_2$ 等。处理酸渣的一项重要任务是对酸渣中的废硫酸再利用，因此可以考虑将废酸渣和含钙碱渣直接进行中和反应，制取固体硫酸钙，并对含油量高的酸渣进行油的利用。以废治废，变废为宝，实现酸碱废渣的资源化，同时减少了环境污染。

本实验测定了一定量的废酸渣和废碱渣中和后产生的沉淀物的量，并对沉淀物中的硫酸钙含量进行了测定。

通过本实验希望达到以下目的：

（1）初步了解废酸渣和废碱渣的来源、组成及对环境的危害；

（2）加深对"以废治废""固废资源化"等概念的理解，并注重应用。

（二）实验原理

酸渣和碱渣处理的工艺流程如图 4-12 所示。

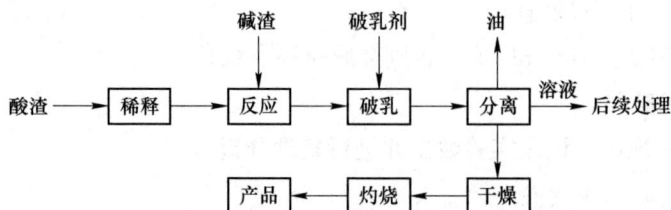

图 4-12　酸渣和碱渣中和回收磷酸钙工艺流程

废酸渣和废碱渣中和后，酸渣中的硫酸与碱渣中的钙盐反应，生成硫酸钙沉淀，反应 pH 值在 6~8。反应结束后，加入破乳剂搅拌后静置，待液相分成有机物和无机物两相后，分离过滤，沉淀物经洗涤、干燥和灼烧后得到硫酸钙产品。

（三）实验仪器和试剂

1. 主要实验仪器

（1）CJJ-6 六联磁力搅拌器；

（2）锥形分液漏斗（带铁架台），500 mL；

（3）布氏漏斗；

（4）马弗炉；

（5）FA2004N 电子天平；

（6）干燥箱，（105±3）℃；

（7）250 mL 烧杯，250 mL 锥形瓶，1000 mL 容量瓶；

（8）滴定管 50 mL。

2. 实验试剂

实验中所用化学药品均为分析纯，实验用水为蒸馏水。

（1）2 mol/L 氢氧化钠溶液：将 8 g 氢氧化钠溶于 100 mL 新鲜蒸馏水中，盛放在聚乙烯瓶中，避免空气中二氧化碳的污染。

（2）EDTA 二钠标准溶液（10 mmol/L）：将一份 EDTA 二钠二水合物（$C_{10}H_{14}N_2O_8Na_2 \cdot 2H_2O$）在 80 ℃干燥 2 h，取出放在干燥器中冷却至室温。称取 3.725 g 溶于蒸馏水，在容量瓶中定容至 1000 mL，存放在聚乙烯瓶中定期校对其浓度。

（3）钙标准溶液（10 mmol/L）：将一份碳酸钙（$CaCO_3$）在 150 ℃干燥 2 h 取出放在干燥器中，冷至室温。称取 1.00 g 于 500 mL 锥形瓶中用水润湿，逐滴加入 4 mol/L 盐酸至碳酸钙完全溶解，避免加入过量酸。加 200 mL 水煮沸数分钟赶出二氧化碳，冷至室温，加入数滴甲基红指示剂溶液（0.1 g 溶于 100 mL 60%乙醇中），逐滴加入 3 mol/L 氨水直至变为橙色，在容量瓶中定容至 1000 mL，此溶液 1.00 mL 含 0.400 mg（0.01 mmol）钙。

（4）钙羧酸指示剂干粉：将 0.2 g 钙羧酸与 100g NaCl 充分混合，研磨后通过 40~50 目（0.25~0.35 mm）筛，装在棕色瓶中，塞紧。

3. EDTA 二钠标准溶液标定

取 20.0 mL 钙标准溶液，在锥形瓶中加蒸馏水稀释至 50 mL。按照实验步骤（9）进行操作。

EDTA 二钠标准溶液的浓度 c_1（mmol/L）用下式进行计算：

$$c_1 = c_2 V_2 / V_1 \tag{4-67}$$

式中　c_2——钙标准溶液的浓度，mmol/L；

　　　V_2——钙标准溶液的体积，mL；

　　　V_1——标定中消耗的 EDTA 溶液的体积，mL。

（四）实验步骤

（1）准确称取一定量（约 10 g）的酸渣样品 1 份，装入 250 mL 烧杯中，加入 50 mL 蒸馏水。

（2）将烧杯放在磁力搅拌器上进行均匀慢速搅拌 3~5 min，使酸渣与蒸馏水充分混匀，酸渣得到稀释，搅拌器转速为 200~500 r/min。

（3）向烧杯中缓慢加入碱渣，同时测定溶液的 pH 值。当 pH 值上升至 7 左右时，停止加入碱渣，记录投加的碱渣量。

（4）反应 5 min 后，加入（1+3）苯-苯酚溶液 10 mL，5 min 后停止搅拌，将混合物转移至锥形分液漏斗中，用蒸馏水将烧杯洗涤 2~3 次，洗涤水也转入分液漏斗中，静置 1 h。待液相中水相、油相分层后，进行分离，并分别用烧杯收集。

（5）对含有沉淀物的水相进行过滤，洗涤滤物 3~4 次。

（6）将滤物转移到干燥箱内进行干燥，去除其中的水分。然后，转移至已经恒重并质量已知的坩埚内，放在马弗炉内 650 ℃条件下灼烧 45 min，得到白色粉末。待温度降至室温后，称其质量（M）。

（7）称取一定量的粉末（记为 m）于 250 mL 锥形瓶中，用 2 mol/L HCl 溶液溶解完全。

（8）向锥形瓶中滴加 2mol/L 氢氧化钠溶液至试样呈中性，注意应保证钙含量在 2~100 mg/L（即硫酸钙含量 0.05~2.5 mmol/L）范围；若钙含量超出 100 mg/L 时，应加水稀释至满足该要求范围。

（9）向试样中加 2 mol/L 氢氧化钠溶液至试样 pH 值在 12~13 范围，加约

0.2 g 钙羧酸指示剂干粉，溶液混合后立即滴定，在不断振摇下自滴定管加入 EDTA 二钠溶液。开始滴定时速度宜稍快，接近终点时应稍慢，最好每滴间隔 2~3 s，并充分振摇至溶液由紫红色变为亮蓝色，表示到达终点。整个滴定过程应在 5 min 内完成，记录消耗 EDTA 二钠溶液体积的毫升数 V_3。

（五）实验结果

产品中硫酸钙的含量 $w(\%)$ 用下式计算：

$$w = \frac{c_1 \times V_3}{m \times 1000} \times A \times 100\% \tag{4-68}$$

式中　c_1——EDTA 标准溶液的浓度，mmol/L；

$\quad\quad V_3$——滴定中消耗的 EDTA 标准溶液的体积，mL；

$\quad\quad m$——产品试样的质量，mg；

$\quad\quad A$——硫酸钙的摩尔质量，136.14 g/mol。

将实验过程中观察到的现象及相关数据整理，并记录在表 4-39 中。

表 4-39　酸渣、碱渣中和制取硫酸钙实验记录

平行实验	称取酸渣质量/g	消耗碱渣质量/g	实验过程中反应现象	产品质量 M/g	测含量时产品质量 m/mg	产品中硫酸钙含量 N/%
1						
2						

（六）注意事项

（1）由于制取的化合物 $CaSO_4$ 产品微溶于水，酸渣稀释水的加入量对实验结果有较大的影响。

（2）搅拌速度快慢影响沉淀的生成，也影响溶液中杂质进入沉淀的多少。

（3）由于溶液颜色较深，且成分较复杂，用控制 pH 值来确定碱渣和氢氧化钠加入量的多少，对实验结果有较大的影响。

（七）实验结果讨论

（1）废酸渣和废碱渣中和制取硫酸钙时，如何提高产品中的硫酸钙含量？

（2）酸渣、碱渣有无其他处理和资源化利用方法？若有，请举例。

实验三十九　粉煤灰絮凝剂的制备

（一）实验目的

（1）认识粉煤灰的来源及性质；

（2）了解粉煤灰的回收利用途径；

（3）掌握粉煤灰絮凝剂的制备方法。

（二）实验原理

从煤燃烧后的烟气中收捕下来的细灰称为粉煤灰，粉煤灰是燃煤电厂排出的主要固体废物。我国是产煤大国，以煤炭为电力生产基本燃料。电力工业的迅速发展，带来了粉煤灰排放量的急剧增加，给我国的国民经济建设及生态环境造成巨大的压力。另外，我国又是一个人均占有资源储量有限的国家，粉煤灰的综合利用、变废为宝、变害为利，已成为我国经济建设中一项重要的技术经济政策，是解决我国电力生产环境污染、资源缺乏之间矛盾的重要手段，也是电力生产面临的需解决的任务之一。经过开发，粉煤灰在建工、建材、水利等各部门得到广泛的应用。

我国火电厂粉煤灰的主要氧化物组成为：SiO_2、Al_2O_3、FeO、Fe_2O_3、CaO、TiO_2、MgO、K_2O、Na_2O、SO_3、MnO 等，此外还有 P_2O_5 等。其中氧化硅、氧化钛来自黏土、岩页，氧化铁主要来自黄铁矿，氧化镁和氧化钙来自与其相应的碳酸盐和硫酸盐。目前，粉煤灰主要用来生产粉煤灰水泥、粉煤灰砖、粉煤灰硅酸盐砌块、粉煤灰加气混凝土及其他建筑材料，还可用作农业肥料和土壤改良剂，回收工业原料和作环境材料。

本实验利用粉煤灰中含有大量的 Si、Fe、Al 的特性制备无机絮凝剂聚合氯化铝、氯化铁或硅酸铝铁。

（三）实验材料

药品：粉煤灰（取自某矸石热电厂）、氯化钠、盐酸、硅藻土或高岭土；
设备：浊度分析仪，磁力搅拌器。

（四）实验内容

（1）原料预处理，粉煤灰研磨过 200 目（0.075 mm）筛，105 ℃烘干 2 h；

（2）称取干燥后的粉煤灰 10 g，助溶剂氯化钠 10 g，于 200 mL 烧杯中混合均匀；

（3）加入 8 mol/L 盐酸 40 mL，于磁力搅拌器上加热搅拌反应 30 min；

（4）反应液冷却过滤，得到粉煤灰基絮凝剂产品；

（5）产品絮凝沉降性能测定。

（五）数据记录

（1）产品描述。

（2）产品絮凝沉降性能。

实验四十　炼铁尾矿浮选回收硫铁矿实验

（一）实验目的

（1）了解浮选的原理、工艺；

（2）理解浮选在固体废物资源化利用过程中的应用。

（二）实验原理

浮选全称浮游选矿，主要指泡沫浮选，是根据矿物颗粒表面物理化学性质的差异，从矿浆中借助气泡的浮力实现矿物分选的过程，是细粒和极细粒物料分选中应用最广、效果最好的一种选矿方法。由于物料粒度细，粒度和密度作用极小，因此重选方法难以分离；对一些磁性或电性差别不大的矿物，也难以用磁选或电选分离，但根据它们的表面性质的不同，即根据它们在水中对水、气泡、药剂的作用不同，通过药剂和机械调节，可用浮选法高效分离出有用矿物和无用的脉石矿物。浮选在各种选矿方法中占主要地位，应用范围极广，不仅可以处理有色金属矿物如铜矿、铅矿、锌矿、钼矿、钴矿、钨矿、锑矿等，也可以处理非金属矿物如石墨、重晶石、萤石、磷灰石、长石、滑石等，同时还可以处理黑色金属矿物如赤铁矿、锰矿、钛矿等。

一般的浮选多将有用矿物浮入泡沫产物中，将脉石矿物留在矿浆中，通常称为正浮选。但是，有时将脉石矿物浮入泡沫产物中，将有用矿物留在非泡沫产物中，这种浮选称为反浮选。如果矿石中含有两种或两种以上的有用矿物，其浮选方法有两种：一种是将有用矿物依次一个一个地选出为单一的精矿，此种方法称为优先浮选；另一种是将有用矿物共同选出为混合精矿，随后再把混合精矿中的有用矿物一个一个地分选开，此种方法称为混合浮选。

浮选药剂主要分为捕收剂、调整剂和起泡剂。

（1）捕收剂：用以增强矿物疏水性和可浮性的药剂；

（2）调整剂：主要用于调整捕收的作用及介质条件；

（3）起泡剂：促使矿浆中形成稳定泡沫的药剂。

除以上几大类外，还有分散剂、絮凝剂、消泡剂、脱药剂等。

（三）实验材料

（1）药品：黄铁矿，黄药（1%），水玻璃，二号油，六偏磷酸钠；

（2）设备：浮选机，注射器，水盆，电子天平。

（四）实验步骤

1. 矿样准备

对实际矿物按 500 g 矿石加 275 mL 水的浓度，磨一定时间（时间根据矿物硬度来定），对分析纯或纯矿物与脉石矿物混合后进行浮选的情况，可先将分析纯或纯矿物用研钵磨至 200 目（0.075 mm）以下，再加入脉石矿物磨好的矿浆中，进行浮选。

2. 浮选操作

（1）开机前用手拉动皮带空转，检查润滑油是否有，并查看是否漏油，检查连接螺丝紧不紧。

（2）洗干净浮选机，在必要时加入石灰、苏打等碱类以除去油污后，再用少量 H_2SO_4 中和。

（3）在加矿液之前要关闭气门（衡阳式浮选机要塞住放矿口），然后开动电动机，将矿液倒入槽内，再以少量水把盆底的沉砂洗入槽中。但是，要注意用水不可过量，以防跑槽。

（4）加入药剂时要按规定时间进行搅拌，各种药剂的添加顺序一般按：

$$调整剂 \xrightarrow{搅拌} 捕收剂 \xrightarrow{搅拌} 起泡剂$$

在加药剂时要按量加入搅拌区，不能加到机壁上。

（5）打开气门进行 10~30 s 充气，然后开始粗选，在刮泡过程中应不断加水以维护矿浆液面恒定。在粗选之后，再进行扫选。

注意事项：

（1）一次实验的刮泡操作保证由一个人完成。

（2）若是人工刮泡，刮板要垂直拿，要集中注意力刮出泡沫，切勿刮出矿浆，力求速度均匀，深浅一致。

（3）随时注意调节矿浆液面，在粗选时力求及时刮出泡沫，以保证回收率，应不断补加水以维护矿浆液面恒定。在精选时为了确保精矿品位，故矿浆液面不宜过高。

（4）随时注意冲洗附着于浮选槽壁上的矿粒进入槽内。

（5）浮选实验时通过泡沫颜色观察刮泡终点，确定实验浮选时间。

（6）浮选终了后，把刮板上黏附的精矿用洗瓶洗到精矿盘里，再倒出尾矿，并把槽子洗干净，洗水也应倒入尾矿中去。

（7）将产品贴上标签后拿去烘干（注意：烘干时精矿和尾矿不要靠在一起烘）。

（8）浮选后，浮选产品（精矿、中矿、尾矿）总质量与原矿量误差约不能超过 1%。

（9）实验完毕后将选矿现象、化验结果记录好，编好号码并保存好记录本。

（10）由于操作不慎，将浮选时间缩短或延长及药剂添加不当，泡沫量与颜色有异于平常时则实验应重作。

观察浮选现象：

（1）观察起泡的密度及矿浆的循环情况；

（2）观察泡沫的泡沫颜色、大小、均匀度、粒度、矿化程度；

（3）观察泡沫随着时间的增加发生变化的情况。

3. 精矿分析

（1）过滤。一般浮选得到的产品，都含有大量的水分，特别是尾矿产品含水量更高，产品中水分不除去将使产品难以干燥。为了加速尾矿的沉降可加入适量的明矾或石灰清水。在过滤中为了避免损失，可用注射器吸取其上部清水，然后送去烘干即可。过滤时应先过滤尾矿、后过滤精矿，防止精矿颗粒进入尾矿，影响分析。

（2）烘干。过滤的方法只能将产品中的重力水分除去而毛细水分则无法除去，此时应将产品烘干，由于产品中的水分减少而将产品逐渐移向上层。烘样时其温度不宜过高，否则将会使产品中的硫燃烧而使产品报废。在烘样时应特别注意控制温度，切勿使产品烧坏或因煮沸（未抽吸净）而飞溅损失。故在烘样时应注意随时翻动物料，且不得离开工作岗位。

（3）取样。经烘干后的产品，待其冷却后先称重再倾倒置于橡皮布中心，并压碎在烘干过程中产生的团块。然后，用翻滚法将其混匀（10 余次），最后将其压成薄圆饼形，用方格法或者用堆锥四分法对分取样 5 g 左右即可（余样作为副样，要妥善保存到整个任务完成为止，以备化验复查）。在取样时，精矿、中矿、尾矿产品所用的橡皮布、毛刷、研缸等用具（均需编写注明）绝对禁止混用。

（4）研磨。实验所用产品一般粒度较粗，送化学分析时试剂难以将其溶解。为此，要先在研缸研细，并通过 160 目（0.087 mm）筛网，然后将已研细的试样装入袋中。试样袋应编号并注明试样名称、化验元素、送样日期等。

（5）称量、分析。

注意事项：

（1）使用工具放在操作方便的地方；

（2）留意电动机温升、防止烧毁电机、严防水溅到电机上；

（3）实验完毕应清洗并擦干一切实验设备及用具，放回原处，并打扫实验室。

（五）实验结果整理

实验现象记录如下。

（1）称取原矿质量 $m_1(g)$ _____。

（2）得到精矿质量 $m_2(g)$ _____。

（3）精矿得率（%）_____。

（4）精矿中铁的含量（%）_____。

实验四十一　危险废物（飞灰）的水泥固化

（一）实验目的

危险废物的水泥固化是指以水泥作固化剂，使危险废物掺合并包容起来，使其稳定化的一种过程。固化的主要目的是使危险废物易于运输和储存，同时通过减少废物与环境接触的比表面积来降低有毒有害组分渗漏的可能性；通过固化减少在处理、储存、运输和处置过程中废物颗粒扩散产生的危害，有利于操作工人和环境的安全。

水泥固化剂是近二十年来欧美等发达国家在处理有毒有害废物中应用最广和最多的材料，美国环保局将水泥固化称为处理有毒有害废物的最佳技术。

本实验的目的：

（1）掌握危险废物（飞灰）水泥固化的原理和方法；

（2）掌握影响水泥固化效果的因素。

（二）实验原理

水泥是一种无机胶结剂，其主要成分 SiO_2、CaO、Al_2O_3 和 Fe_2O_3，经水化反应后可形成坚硬的水泥块，能将分散的砂、石等添加剂牢固地凝结在一起。水泥固化危险废物（飞灰）就是利用水泥的这一特性。对危险废物（飞灰）进行固化时，水泥与水分发生水化反应生成凝胶，将危险废物（飞灰）微粒分别包容，并逐步硬化形成水泥固化体。此过程涉及的水化反应主要有以下几个方面。

（1）硅酸三钙的水合反应：

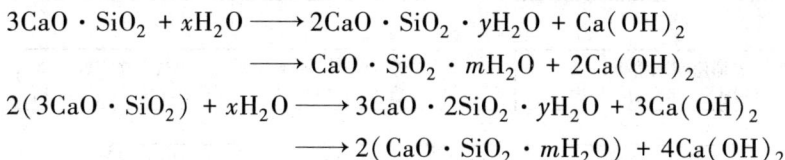

$$3CaO \cdot SiO_2 + xH_2O \longrightarrow 2CaO \cdot SiO_2 \cdot yH_2O + Ca(OH)_2$$
$$\longrightarrow CaO \cdot SiO_2 \cdot mH_2O + 2Ca(OH)_2$$
$$2(3CaO \cdot SiO_2) + xH_2O \longrightarrow 3CaO \cdot 2SiO_2 \cdot yH_2O + 3Ca(OH)_2$$
$$\longrightarrow 2(CaO \cdot SiO_2 \cdot mH_2O) + 4Ca(OH)_2$$

（2）硅酸二钙的水合反应：

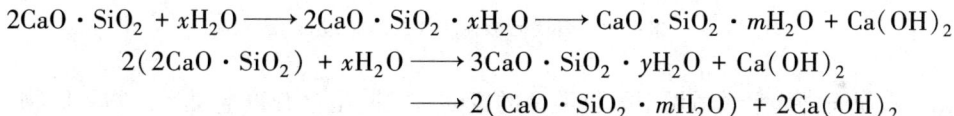

$$2CaO \cdot SiO_2 + xH_2O \longrightarrow 2CaO \cdot SiO_2 \cdot xH_2O \longrightarrow CaO \cdot SiO_2 \cdot mH_2O + Ca(OH)_2$$
$$2(2CaO \cdot SiO_2) + xH_2O \longrightarrow 3CaO \cdot SiO_2 \cdot yH_2O + Ca(OH)_2$$
$$\longrightarrow 2(CaO \cdot SiO_2 \cdot mH_2O) + 2Ca(OH)_2$$

（3）铝酸三钙的水合反应：

$$3CaO \cdot Al_2O_3 + xH_2O \longrightarrow 3CaO \cdot Al_2O_3 \cdot xH_2O$$

如有氢氧化钙 $[Ca(OH)_2]$ 存在，则变为：

$$3CaO \cdot Al_2O_3 + xH_2O + Ca(OH)_2 \longrightarrow 4CaO \cdot Al_2O_3 \cdot mH_2O$$

（4）铝酸四钙的水合反应：

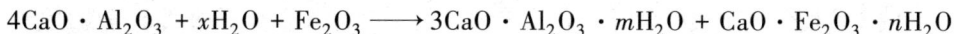

$$4CaO \cdot Al_2O_3 + xH_2O + Fe_2O_3 \longrightarrow 3CaO \cdot Al_2O_3 \cdot mH_2O + CaO \cdot Fe_2O_3 \cdot nH_2O$$

在普通硅酸盐水泥的水化过程中进行的主要反应如图 4-13 所示。最终生成硅铝酸盐胶体的这一连串反应是一个速率很慢的过程，所以为保证固化体得到足够的强度，需要在有足够水分的条件下维持很长的时间对水化的混凝土进行保养，该反应确定了普通硅酸盐水泥的初始状态。对于普通硅酸盐水泥，进行最为迅速的反应是：

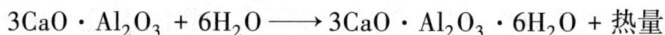

$$3CaO \cdot Al_2O_3 + 6H_2O \longrightarrow 3CaO \cdot Al_2O_3 \cdot 6H_2O + 热量$$

该反应确定了普通硅酸盐水泥的初始状态。

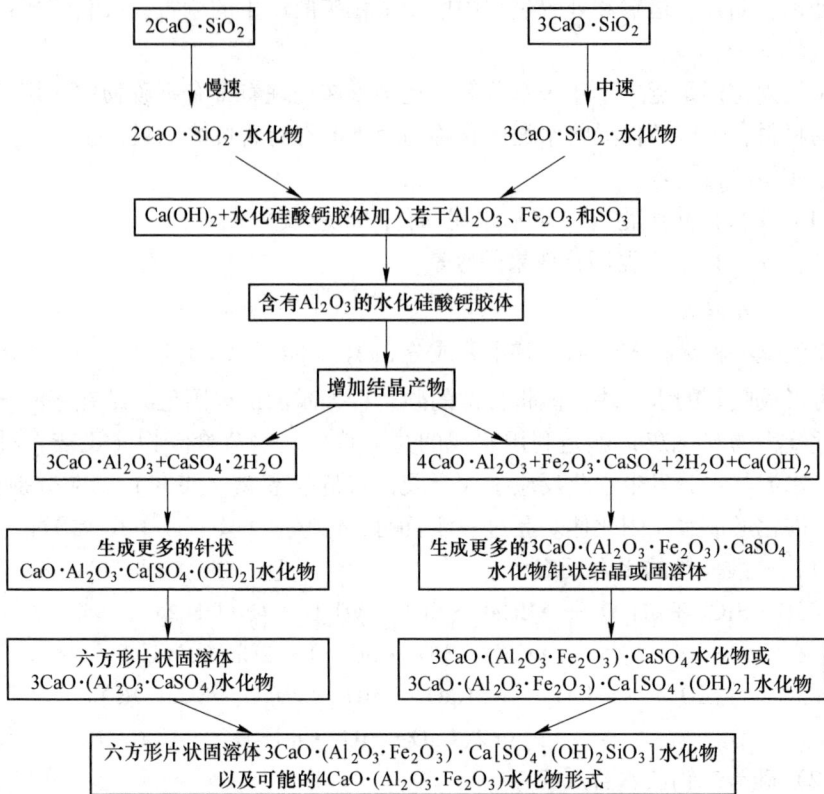

图 4-13 普通硅酸盐水泥的水化过程

水泥固化技术最适用于无机类型的废物，尤其是含有重金属污染物的废物。由于水泥具有的高 pH 值，使得几乎所有的重金属形成不溶性的氢氧化物或碳酸盐形式而被固定在固化体中。研究指出，铅、铜、锌、锡、镉均可得到很好的固定。但汞仍然要以物理封闭的微包容形式与生态圈进行隔离。对于重金属水泥固化过程的化学机理，关于铅与铬研究得较多。研究结果指出，铅主要沉积于水泥水化物颗粒的外表面，而铬则较为均匀地分布于整个水化物的颗粒之中。

城市垃圾焚烧飞灰因含有较高浸出浓度的铅、锌等重金属而属于危险废物，在对其进行最终处置之前必须先经过固化/稳定化处理。另外，对飞灰作成分分析后发现，飞灰中含有大量的 SiO_2、Al_2O_3 和 CaO 等物质，与火山灰材料十分类似。因此，飞灰形成的水泥固化体可以在确保安全的前提下进行一定的资源化利用，如用于修建危险废物填埋场的护坡等。目前，国内的不少危险废物填埋场已经开始采用水泥固化技术来控制焚烧飞灰的重金属污染。本实验主要分析焚烧飞灰水泥固化前后重金属物质的浸出情况，考察用水泥固化焚烧飞灰中重金属物质的效果。

（三）实验材料和设备

（1）425 号水泥若干；

（2）焚烧飞灰若干；

（3）X 射线荧光光谱仪 1 台；

（4）等离子发射光谱仪（ICP）1 台；

（5）NYJ2411A 型水泥砂浆搅拌机 1 台；

（6）7.07 cm×7.07 cm×7.07 cm 水泥胶砂试模；

（7）WSM-200 kN 水泥抗压强度试验机 1 台。

（四）实验步骤

（1）采用 X 射线荧光光谱仪（XRF）对焚烧飞灰的元素组成进行分析，结果记录在表 4-40 中。

表 4-40　焚烧飞灰的元素组成　　　　　　　　（%）

元素	Cl	O	K	Ca	S	Na	Zn	Si	Pb
质量分数									
元素	Al	Fe	Cu	Sn	Ti	P	Cd	Mg	Mn
质量分数									

（2）焚烧飞灰的浸出毒性：采用翻转式浸出方法［《固体废物浸出毒性浸出方法》（GB 5086.1—1997）］对焚烧飞灰进行浸出毒性实验，采用等离子发射光谱（ICP）测定浸出液的重金属浓度，结果记录在表 4-41 中。

表 4-41　焚烧飞灰的浸出毒性实验结果　　　　　（mg/L）

重金属	Pb	Cu	Zn	Cd	Cr	Ni
浸出毒性						
危险废物浸出毒性鉴别标准 （GB 5085.3—1996）	3	50	50	0.3	10	10

（3）分别在飞灰中掺入 25%、35%、45% 的水泥（质量分数），将飞灰和水泥的混合物用 NYJ2411A 型水泥砂浆搅拌机搅拌，1 min 后徐徐加入规定量的用水（水固比为 0.3，加水时间控制在 5 s 左右），继续搅拌 3 min，然后，制成 7.07 cm×7.07 cm×7.07 cm 试件喷水养护。分别在试件成型后的 28 天测量其无侧压抗压强度和重金属的浸出情况，结果记录在表 4-42 中。

表 4-42　焚烧飞灰在不同水泥投加量下的浸出毒性实验结果

重金属浸出浓度 /mg·L^{-1}	磷酸盐投加量（质量分数)/%		
	25	35	45
Pb			
Cu			
Zn			
Cd			
Cr			
Ni			

（五）实验结果与讨论

（1）分析不同水泥添加量对飞灰稳定化效果的影响，得到最佳固化比。

（2）与药剂稳定化处理方法相比，水泥固化有何特点？

实验四十二　粉煤灰的综合利用实验

（一）实验目的

了解粉煤灰矿物组成、化学成分以及物理化学性质，根据其特性用于废水处理。

（二）实验原理

粉煤灰主要是电厂用粉煤在燃烧时产生的高温烟气经除尘装置捕集而得到的飞灰。粉煤灰中含有的碳粒和玻璃体微粒呈无定形疏松多孔的聚集状态，有较大的比表面积，通常在 2500~5000 cm^2/g，这种具有大的比表面积的多孔物质，有很强的物理化学催化及吸附性能；粉煤灰烧失量大于 20%，这些烧失量的主要成分是活性炭，活性炭的比表面积比粉煤灰的比表面积更大。所以，当废水与粉煤灰共混或相遇时，废水中所含的污染物质 COD$_{Cr}$、重金属离子、油类等就会因氧化分解、离子交换、吸附而与灰渣一起共沉除去，从而使废水得到净化。

（三）实验用品

由学生自行列出所需仪器、药品、材料的清单，经实验指导老师同意，即可进行实验。

（四）实验内容

（1）将粉煤灰放置于烘箱中，在 105~110 ℃下烘干，过筛备用。

（2）在几个 250 mL 的聚乙烯瓶中，各加入 50 mL 模拟含重金属离子的废水和一定量的粉煤灰，置于振荡器上，振荡一定时间后，经过滤后，用原子吸收法或可见光分光光度法测定滤液中重金属离子的浓度，继而计算出重金属离子的去除率和吸附量。

（五）讨论

（1）简述粉煤灰的矿物组成、化学成分及其基本性质。

（2）粉煤灰的资源化途径有哪些？

（3）粉煤灰可用于哪些废水的处理？

实验四十三　电子废弃物资源化实验

（一）实验目的

（1）了解我国电子废弃物的产生、处理和利用现状；

（2）掌握电子废弃物的环境污染危害性质和资源利用价值；

（3）对废电脑显示器进行手工拆解，了解其内在具体结构、各部件的材料组成，并对拆解了的材料进行分类（塑料、玻璃、金属等）和计量；

（4）在手工拆解获得亲身体会的基础上，通过进一步查阅有关资料，并结合所学固废方面的知识，了解资源化的意义。

（二）实验仪器

（1）废旧 CRT（阴极射线管）显示器一台；

（2）可拆解上述显示器的工具若干；

（3）称量天平一台。

（三）实验步骤

显示器一般由显像管、线路板、屏蔽罩、机箱等几部分组成。显示器拆卸步骤如下：

（1）线路拆卸。从显示器上拔下数据线和电源线。

（2）显示器后盖的拆卸。显示器的机箱一般由面板（前框）、中框和后盖三部分组成。显示器的大部分部件以各种不同的方式固定在面板和中框上，因此面板和中框既是机内元件的重要保护外壳，又是连接这些元器件的桥梁和固定器件的骨架。在一般情况下，面板和中框不必拆开，仅需卸掉后盖即可将机内零件拆下。在拆后盖时，先将显示器小心地放在工作台上，最好将工作台上放一块较厚的软垫，然后将显示器面板朝下，荧光屏置于软垫上。这样可以方便拆卸位于机箱底部的螺钉，也较为安全。

目前各类品牌显示器较多，但其拆卸方法大体上有两类：一类是用螺钉紧固，另一类是用机箱卡口卡住，而不用螺钉。对于采用螺钉的显示器，可用螺钉刀从后盖上卸下固定螺钉。对于无固定螺钉的显示器，可先找出固定后盖的卡口，然后用一字螺钉刀将卡口按下，或用手将卡口的锁定柱捏住，即可从显示器上将后盖卸下。在提起后盖时，先将箱体开一小缝，观察一下机内的主印制线路板是否与后盖脱开。因为显示器后盖上有的开有用于稳定主印制线路板的槽口或卡子，若卡得太紧，有可能在提起后盖时将主印制线路板带起。

（3）屏蔽罩的拆卸。目前几乎所有的显示器中都带有屏蔽罩，它是为了让外界电磁场对显示器的干扰尽可能小，从而使显示图像更加逼真。拆卸时只需在后盖打开的情况下，将其轻轻拿起即可。

（4）线路板的拆卸。显示器的绝大部分电路元件安装在主印制线路板上，它处于显示器的中心位置，各种型号和品牌的显示器的主要区别也在于此。线路板的主要任务是保证显像管正常工作，并通过几组导线将所需电压与信号供给显像管。线路板与显像管之间连接导线的长度有一定冗余，这是为了让线路板在取出时有一定活动余地。大多数线路板采取卧式安装，左右两边用滑槽或导轨支撑和固定。取出时一般按下列步骤：

1）取掉机芯与消磁线圈、偏转线圈的连接。

2）拔掉显像管的管座，拆卸时要特别小心，只能向后垂直用力。

3）卸下阳极帽，在拆卸阳极帽时要特别小心。若显示器刚刚工作过，则阳极上往往有很高的残留电压，为避免电击，要先进行高压放电；同时，拆卸时还要注意不要碰坏高压嘴。

（5）显像管的拆卸。在上一步中，将线路板取出后，最后还应将显像管安装在机箱的前面板上。拆卸显像管时必须十分小心，主要是因为显像管比较容易破碎。具体拆卸按以下步骤完成：

1）从显像管体上取下消磁线圈；

2）卸下固定显像管和地线的 4 个螺钉；

3）拆除显像管上的接地线；

4）最后抓住显像管对角两个固定螺钉的金属防爆罩取下显像管。

（6）填写记录在表 4-43 中。

表 4-43　拆解实验数据记录表

部件编号	部件名称	材料（或元件）组成	材料（或元件）数量/个	材料（或元件）质量/g	材料（或元件）处理方法	材料再利用途径	备注
1							
2							
3							
4							
5							
⋮							

（四）讨论

（1）电子废弃物对环境有哪些危害？

（2）如何大面积推广电子废弃物资源化技术，你有什么好的建议？

实验四十四 磁介质粉煤灰处理生活污水的实验

（一）实验目的

了解粉煤灰利用的新方法，掌握絮凝剂对生活污水的处理技术，学会生活污水主要污染物的监测方法，掌握废物利用及生活污水处理的新技术开发方法。

（二）实验原理

利用经改性剂盐酸处理后的粉煤灰处理生活污水，探讨絮凝剂对 COD_{Cr}、总磷与总氮的去除情况。粉煤灰的比表面积较大，且存在着许多铝、硅等活性点，具有一定的吸附能力。选择粉煤灰作为絮凝剂，并加入磁铁矿粉，利用酸进行改性，粉煤灰的吸附作用得到提高，增加了粉煤灰颗粒的比表面积，吸附剂的比表面积越大，吸附效果越好。粉煤灰经改性剂盐酸处理后，其中的铝、铁、硅均可被较好地溶出，这部分带正电荷的离子，不仅能起到中和悬浮胶粒电位的作用，而且与非离子表面活性剂形成高分子聚合物，随着缩聚反应的不断进行，聚合物的电荷会不断增加，最终使胶体脱稳凝聚。此种改性的粉煤灰与生活污水混合絮凝，带有磁性。在外磁场的作用下，水中带有磁性的絮体很快被吸附并移出水体，从而缩短混凝沉淀的时间，而且很好地降低水体中 COD_{Cr} 与氮磷元素的含量。

（三）实验材料与仪器

粉煤灰，超纯磁铁矿粉，生活污水，0.5T 的正方形磁块（边长约 5 cm），紫外可见分光光度计，分析天平，数显电动搅拌器，pH 值计。

（四）实验内容

1. 磁介质粉煤灰的制备

将粉煤灰与磁铁矿粉按 1∶1 混合，加入一定量的盐酸，反应一段时间后，置于 60 ℃烘箱中烘干后，研磨成粉末制成磁性絮凝剂。

2. 主要污染物的测定方法

（1）COD_{Cr} 的测定：采用重铬酸钾法；

（2）总 N 含量的测定：采用碱性过硫酸钾消解紫外分光光度法；

（3）总 P 含量的测定：采用钼酸铵分光光度法。

3. 磁介质粉煤灰对生活污水的处理

取生活污水 500 mL 置于烧杯中，加入 150 mg 磁性絮凝剂，调节 pH 值为 7，以一定转速快速搅拌 3 min，静置 1~3 min；待絮凝完全后，在外磁场（0.5 T）

作用下将絮体吸离水体，于水面下 5 cm 处取样，测量 COD、pH 值、总 N 及总 P 含量等水质指标，具体实验流程如图 4-14 所示。

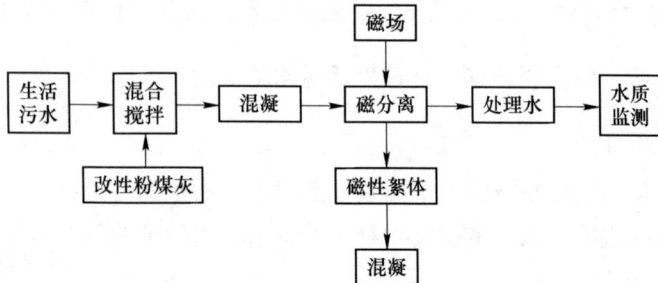

图 4-14　生活污水处理实验流程

（五）影响因素及分析

（1）探讨磁介质粉煤灰的投加量对污染物去除率的影响。

（2）探讨粉煤灰与磁介质的比例对污染物去除率的影响。

（3）分析搅拌时间对污染物去除率的影响。

（4）pH 值对污染物去除率有什么影响？

实验四十五　废塑料裂解非标燃油回收实验

（一）实验目的

（1）采用催化裂解剂在热解的基础上能够进一步使大分子充分断链，加快物料的热解速度并降低热解温度，能获得更多更好的油料。实现量产，提高资源回收率。

（2）有效解决废塑料量大、对环境污染大的世界性问题，特别是通过热解可有效解决二噁英等难处理的环境问题。

（二）实验材料和设备

1. 实验材料

废塑料、转化剂。

2. 实验设备

（1）废塑料粉碎机；

（2）原料储仓；

（3）添加剂连续加入器、连续输送进料机、喂料器；

（4）连续旋转热解蒸馏反应釜；

（5）冷却分离器；

（6）干气净化器，又称水封阻火器；

（7）出渣器；

（8）ZYB-125 油料输送泵，用于收集的毛油输送；

（9）冷却水循环水泵，用于水泵对冷却器的循环供水；

（10）燃油燃烧机，用于反应釜加温；

（11）储油罐；

（12）干气燃烧鼓风机，用于干气燃烧供风；

（13）烟气引风机；

（14）SG-Ⅱ-05 视盅；

（15）仪表、电器控制部分、安全阀、水池。

（三）实验步骤

（1）将废塑料原料除杂。

（2）将硬质废塑料送入粉碎机粉碎为小于 10 mm×10 mm×10 mm 的小颗粒；如果是片状物料，可以 100 mm 左右，并经过磁选将铁丝基本分离干净。

（3）将塑料用输送器输送至预热器，利用烟气余热或其他方式对塑料颗粒原料进行预热，再经进料器输入反应釜的进料口。

（4）输送的同时，在进料器将加入原料中的添加剂按比例混入原料，原料的输送要根据生产的产能均匀加入。

（5）利用进料器将物料推入裂化反应釜，设置了电磁装置的应预先提前启动电磁加热器加热，一般应使原料达到 140 ℃左右。

（6）裂解反应釜内 400 ℃左右开始进料，边进料边让反应釜正转 40 min 左右，再反转 20 min 左右，使原料充分升温达到设定的 500 ℃左右。

（7）原料进入裂化反应釜后随着导向槽和扬料板的推移以及不断抛洒，原料从进料端向排渣端运行，原料在高温和转化剂作用下于 500 ℃左右让物料充分裂解蒸发。

（8）原料在反应釜内热裂解后产生油气；油气经油气出口进入冷却器冷凝收集油料。油气出口温度一般在 350~450 ℃，油气馏出实际上是一个自动过程，不需要人工操作。

（9）粉尘和重组分与轻组分的分离。油气馏出时混合油各种成分，其中携带有渣料粉尘，进入一级冷却器后，一般粉尘和重组分、水分落在罐体的下部，这些下部的混合料从下部的管道排向重组分收集罐进行沉淀；分离出粉尘油泥和浮在上部的重油和水分，水分再排出另行处理。一级冷却器上部油气进入二级、三级冷却器冷凝收集油料和水分。油气冷却（换热冷却）实际上是一个中间自动过程，不需要人工操作。

（10）裂解完成后从反应釜底出渣孔排渣，并通过"接渣罐"向外排出至指定的地方。未设置储存罐的，应将渣料降温至 70 ℃以下再装袋。操作时一定要高度注意，要保证内部的密封段始终有渣料密实地填充，可以通过观察孔检查密封的效果，防止空气返回到反应釜内。

（11）回收不凝气体。由于裂解中会产生 5%～10% 的不凝可燃气，它们会进入水封阻火器，干气从阻火器中冒出进入不凝气燃烧器在加温炉中燃烧。干气燃烧时要供给充分的空气，通过阀门调节风量的大小，具体通过火焰查看燃烧是否充分，一般燃烧好的火焰短促甚至呈蓝色，出烟口很少烟尘甚至不见明显烟尘。

（12）实验数据处理，见表 4-44。

表 4-44　实验数据

废塑料种类	不干燥（含不清洗）/%			干燥（含清洗）/%		
	出油率	出气率	灰分等	出油率	出气率	灰分等
含水 60%～70% 造纸厂废塑料						
60% 含水垃圾分拣废塑料						
聚丙烯包装袋等						
废薄膜塑料						
有含杂机玻璃						
优级透明有机玻璃						
高压聚乙烯（如电缆皮）						
铝塑纸（废塑纸包装）						
说明	上述参数是估算的，仅供参考。因为原料中的成分、添加剂、杂质等是不完全确定的，应根据实际测算为准					

（四）实验讨论

（1）不同塑料的出油率差异是什么？

（2）影响催化裂解塑料出油的主要因素是什么？

参 考 文 献

［1］宁平，张承中，陈建中．固体废物处理与处置实践教程［M］．北京：化学工业出版社，2005.

［2］宁平．固体废物处理与处置［M］．北京：高等教育出版社，2007.

［3］赵由才．适用环境工程设计手册（固体废物污染控制与资源化）［M］．北京：化学工业出版社，2000.

［4］宋立杰，赵天涛，赵由才．固体废物处理与资源化实验［M］．北京：化学工业出版社，2007.

［5］李永锋，回永铭，黄中子．固体废物污染控制工程实验教程［M］．上海：上海交通大学出版社，2009.

［6］朱启红．环境科学与工程综合实验［M］．成都：西南交通大学出版社，2013.

［7］张晟，陈玉成．环境试验优化设计与数据分析［M］．北京：化学工业出版社，2008.

［8］聂永丰．三废处理工程技术手册-固体废物卷［M］．北京：化学工业出版社，2000.

［9］中国环境保护产业协会生活垃圾处理委员会．我国城市生活垃圾处理行业2007年发展综述［J］．中国环保产业，2008（5）：14-17.

［10］李国刚．固体废物试验与监测分析方法［M］．北京：化学工业出版社，2003.

［11］废弃物学会（日）编．废弃物手册［M］．金东振，等译．北京：科学出版社，2004.

［12］钱学德，郭志平，等．现代卫生填埋场的设计与施工［M］．北京：中国建筑工业出版社，2001.

［13］谢云成．固体废弃物处置与资源化实验教程［M］．北京：化学工业出版社，2017.